ILLUSTRATED HANDBOOK

进境海水观赏鱼

ILLUSTRATED HANDBOOK OF IMPORTED SEAWATER ORNAMENTAL FISH

中国海关总署动植物检疫司 编

中国海关出版社有限公司

进境海水观赏鱼

图鉴

ILLUSTRATED HANDBOOK OF IMPORTED SEAWATER ORNAMENTAL FISH

中国海关总署动植物检疫司　编

中国海关出版社有限公司
·北京·

图书在版编目（CIP）数据

进境海水观赏鱼图鉴 / 中国海关总署动植物检疫司编 .—
北京 : 中国海关出版社有限公司 , 2022.3
ISBN 978-7-5175-0566-2

Ⅰ . ①进⋯ Ⅱ . ①中⋯ Ⅲ . ①海产鱼类—观赏鱼类—图集
Ⅳ . ① S965.8-64

中国版本图书馆 CIP 数据核字 (2022) 第 027571 号

进境海水观赏鱼图鉴
JINJING HAISHUI GUANSHANGYU TUJIAN

作　　者：中国海关总署动植物检疫司　编
责任编辑：邹　蒙
助理编辑：张诗琳
出版发行：中国海关出版社有限公司
社　　址：北京市朝阳区东四环南路甲 1 号　　邮政编码：100023
网　　址：www.hgcbs.com.cn
编 辑 部：010 65194242-7538（电话）
发 行 部：010 65194221 / 4238 / 4246 / 4247（电话）
社办书店：010 65195616（电话）
https://weidian.com/?userid=319526934
印　　刷：北京鑫益晖印刷有限公司　　经　　销：新华书店
开　　本：787mm × 1092mm　1/16
印　　张：14.5　　字　　数：303 千字
版　　次：2022 年 3 月第 1 版
印　　次：2022 年 3 月第 1 次印刷
书　　号：ISBN 978-7-5175-0566-2
定　　价：128.00 元

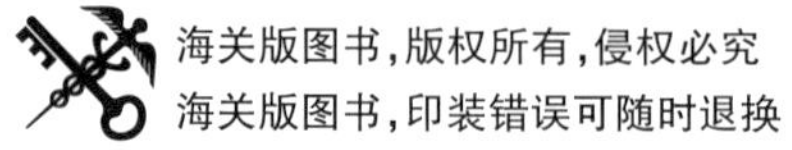

进境海水观赏鱼图鉴

Illustrated Handbook of Imported Seawater Ornamental Fish

主编单位　海关总署动植物检疫司

编写领导小组

赵增连　海关总署动植司　司　长

王新武　海关总署动植司　副司长

包黎明　黄埔海关　副关长

策　　划　万本屹　刘金龙

统稿审定　刘金龙　高　翔　万　鹏

编写人员（以姓氏笔画为序）

万　鹏（黄埔海关）　马树宝（北京海关）

刘　莊（深圳海关）　李富文（天津海关）

陈秀开（南京海关）　贾　鹏（深圳海关）

高振波（大连海关）　舒林军（宁波海关）

谢安新（黄埔海关）　潘　星（拱北海关）

前 言

海洋，占据地球 71% 的表面，以其博大的胸怀孕育了包括人类在内的万物生灵，为维系整个地球生物圈的生态平衡起着决定性作用，为人类生存发展提供大量的物质基础和精神食粮。海水观赏鱼以其奇特的形态、炫丽的色彩、优雅的泳姿备受人们青睐。有的以色彩绚丽而著称，如隆头鱼、蝶鱼；有的以形状怪异而称奇，如辐魟、鲉鱼；有的以稀少名贵而闻名，如红薄荷神仙、糖果狐。

相对于淡水观赏鱼，海水观赏鱼品种更多，全球 1600 余种观赏鱼中超过 850 种为海水品种；色彩更绚丽多变，因为辽阔的海域承接了无尽的阳光，特别是浅海区域海水清澈，阳光直透海床，激发了大自然所有的颜色元素，形成了色彩灿烂的海底环境。但是，不像淡水观赏鱼因小而多变的生活环境练就其较强的生存能力，海水观赏鱼长期生活在辽阔无际、水质稳定的珊瑚礁内，离开后该生活环境易因应激而死，导致海水观赏鱼市场不足淡水观赏鱼的五分之一。

随着养、繁殖技术的进步和经济的发展，以及年轻人的加入，海水观赏水族得到了进一步普及，尤其是海水礁岩生态系，其中包括鱼、珊瑚礁、贝类、软体动物及植物。许多专家认为海水礁岩水族将是 21 世纪观赏水族的发展趋势。

业界公认的海水观赏鱼六大产区分别为印度尼西亚大产区（或称印度洋产区）、中国南海大产区、加勒比海大产区、红海大产区（或称红海阿拉伯大产区）、波利尼西亚大产区（或称东太平洋产区）、美拉尼西亚大产区（或称南太平洋产区）。我国的海水观赏鱼需求市场庞大，但自然资源相对匮乏，绝大部分依赖进口。进口观赏鱼涉及的疫病防控、外来生物入侵防范、生物多样性保护，都与国内渔业健康发展、生态文明建设息息相关。了解观赏鱼形态学基本特征、外形特点和生活习性，在提升鉴赏水平同时，能有效避免因疫病、生物入侵或生物多样性破坏等风险未获国家进境准入的水生动物种非法进境。

本书通过统计分析我国近十年进境海水观赏鱼数据，收录了棘蝶鱼科、雀鲷科、蝴蝶鱼科等 26 类 320 种常见的进境海水观赏鱼，并配有精美的彩色图片，图文并茂，详细介绍了每种鱼的学名、中英文名、别称和识别特征，既可以帮助大众选购观赏鱼，又可以作为一线海关关员实施现场查验时的参考书籍。

本书观赏鱼识别信息部分得到了广东科贸职业学院林洁明老师的大力支持，特此致谢。

由于时间紧、专业能力不足，再加上观赏鱼品种多，少数观赏鱼分类学地位不明确，书中不妥之处，敬请各位专家批评指正。

中国海关总署动植物检疫司编

2021 年 8 月

目录

CONTENTS

第一类 棘蝶鱼科

第二类　雀鲷科

第三类 蝴蝶鱼科

第四类 隆头鱼科

第五类 虾虎鱼科

第六类 刺尾鱼科

第七类 鲀 类

第八类 鮨 科

第九类 天竺鲷科

第十类 笛鲷科

第十一类 真鲨科

第十二类 天竺鲨科

第十三类 鲛鱇类躄鱼科

第十四类 鲉 科

第十五类 鲉科

第十六类 鯙科

第十七类 康吉鳗科

第十八类 海鳝科

第十九类 鳚科

第二十类 拟雀鲷科

第二十一类 鲹科

第二十二类 白鲳科

第二十三类 海龙科

第二十四类 金鳞鱼科

第二十五类 石鲈科

第二十六类 单棘鲀科（革鲀科）

索引

参考文献

参考网站

第一类

棘蝶鱼科

NO. ONE

分　布 西印度洋。

01

阿拉伯刺盖鱼

学　名

Pomacanthus Asfur

英文名

Arabian Angelfish

别　称

阿拉伯神仙

识别特征

中型神仙鱼，身体呈近似菱形，侧扁，吻圆钝，口小，具尖锐的细齿。前鳃盖后缘具锯齿，后下角向后延伸形成一强棘。体被栉鳞。背鳍连续，腹鳍无腋鳞。体色黑蓝色或深紫色，身体中部有一道竖直亮黄色条纹，尾扇底色黄色，具花纹。

分　布 印度洋 - 西太平洋。

02

澳洲花面神仙

学　名

Chaetodontoplus Personifer

英文名

Blueface Angelfish

别　称

黑面神仙、西澳蓝面仙

识别特征

大型神仙鱼，体呈卵圆形，侧扁，吻圆钝，口小。幼鱼黑色，头部后方有一块白色色斑，成年后额头和腹部逐渐变为黄色。雄鱼体为黑色；头部灰蓝色，并布满不规则的黄色斑点；由背鳍前方至腹鳍前方有一淡黄色带；喉峡部黄色；黑色胸鳍带有鲜黄色边线；尾鳍鲜黄色。雌鱼体呈黄褐色；头部灰黄色，后半部具白色竖带；尾鳍基部黄色，中央有弯月形黑带。

分 布 印度洋－西太平洋。

03

澳洲神仙

学 名
Chaetodontoplus Duboulayi

英文名
Scribbled Angelfish

别 称
眼带神仙

识别特征

体呈卵圆形，侧扁，口小，具尖锐的细齿。前鳃盖后缘具锯齿，后下角向后延伸形成一强棘。体被栉鳞。背鳍连续，腹鳍无腋鳞。吻部暗黄色，体表大部分呈蓝黑色。一条黄色的条纹呈现类似右旋 90° 的字母 C，尾鳍黄色。

分 布 中太平洋东部。

04

博伊尔刺尻鱼

学 名
Centropyge Boylei

英文名
Peppermint Angelfish

别 称
红薄荷神仙鱼、君子仙

识别特征

小型神仙鱼，体呈椭圆形，背鳍硬棘 13 枚；臀鳍硬棘 3 枚。体长可达 7 厘米。体色呈橘红色，体侧有 5 条白色垂直条纹，尾鳍白色，腹鳍黄色。

分 布 太平洋。

05

多彩刺尻鱼

学 名
Centropyge Multicolor

英文名
Multicolor Angelfish

别 称
多彩仙

识别特征

小型神仙鱼，体呈椭圆形，侧扁，吻圆钝，口小。具尖锐的细齿。前鳃盖后缘具锯齿，后下角向后延伸形成一强棘。体被栉鳞。背鳍连续，腹鳍无腋鳞。尾鳍为半圆形。浅底色，头至腹部和尾鳍为黄色，蓝色和黑色花纹分布在上下鳍及连通两眼之间。

分 布 西印度洋。

06

黄尾刺盖鱼

学 名
Pomacanthus Chrysurus

英文名
Goldtail Angelfish

别 称
耳斑神仙

识别特征

中大型神仙鱼，体呈椭圆形，非常侧扁，口小，具尖锐的细齿。幼鱼时期头部不具骨质板。前鳃盖后缘具锯齿，后下角向后延伸形成一强棘。体被小或中大栉鳞；侧线完全或不完全。背鳍连续，腹鳍无腋鳞；尾鳍为圆形。体色深褐色并有数道浅色细竖纹，脸部及鳍外缘有蓝色细花纹，尾巴为亮黄绿色。

分 布 西大西洋、东大西洋。

07

巴西刺盖鱼

学 名
Pomacanthus Paru

英文名
French Angelfish

别 称
法国神仙

识别特征

大型神仙鱼，体高而侧扁，体呈卵圆形，侧扁，吻圆钝，具尖锐的细齿。前鳃盖后缘具锯齿，后下角向后延伸形成一强棘。体被栉鳞。背鳍连续，腹鳍无腋鳞；尾鳍为圆形。上下鳍常向后延伸为尖刺状。幼鱼体深褐色并具五道金色细纵纹，成鱼体色黑色，眼圈和鳃后以及体表各鳞片均为金色。

分 布 东太平洋。

08

国王神仙

学 名
Holacanthus passer

英文名
King Angelfish

别 称
一幢仙

识别特征

中大型神仙鱼，体高而侧扁，体色深蓝色，各鳍棕橙色镶有明亮蓝边，尾鳍黄色。胸鳍后部有一显著纵白纹。公鱼额顶有黑色带蓝点的冠纹，母鱼体色较公鱼偏红并有数条蓝色细纵纹。幼鱼体色橙红并有数条蓝色纵纹，一道棕色纵纹贯穿双眼。

分　布 西太平洋。

09

红闪电

学　名
Centropyge Ferrugata

英文名
Rusty Angelfish

别　称
多彩仙

识别特征

小型神仙鱼，体型椭圆形，体色锈红色，背鳍暗红色至黑色，臀鳍黑色并有亮蓝色纹路，尾鳍黄色。身上有不连续的接点状黑色纵纹。

分　布 西太平洋。

10

黑斑月蝶鱼（雌性）

学　名
Genicanthus Melanospilus

英文名
Spotbreast Angelfish

别　称
虎皮仙（雌性）

识别特征

中到大型神仙鱼，体椭圆流线型，体色上半部为黄色至浅褐色，下部银白色，额头具一黑色纹。尾鳍燕尾形，上下均有一道显著宽黑边。

分 布 西太平洋。

11

黑斑月蝶鱼（雄性）

学 名
Genicanthus Melanospilus

英文名
Spotbreast Angelfish

别 称
虎皮仙（雄性）

识别特征

中到大型神仙鱼，体椭圆流线型，体色浅蓝色，体侧具 15 道左右黑色细纵纹，额头部位有同样纵纹连接两眼之间。背鳍前段黑色，尾鳍黄色。

分 布 东印度洋。

12

虎纹刺尻鱼

学 名
Centropyge Eibli

英文名
Blacktail Angelfish

别 称
虎纹仙

识别特征

小型神仙鱼，椭圆流线型，体色浅棕色，身体上有十多条橘红色细纵纹，从两眼之间平均分布到尾柄前方。腹部及下鳍边缘为黄色，背鳍后侧及尾鳍为黑色，各鳍边缘镶有一道蓝边。

分　布 东太平洋东部。

13

波氏刺尻鱼

学　名
Centropyge Potteri

英文名
Russet Angelfish

别　称
花豹神仙

识别特征

小型神仙鱼，流线型，体色金黄色到上下鳍和尾鳍逐渐转为深蓝色，全体均有灰蓝色水波状纵纹，到后部各鳍融合为格子状纹路。体侧中间从鳃后到尾部有一道边缘不清晰的暗斑。

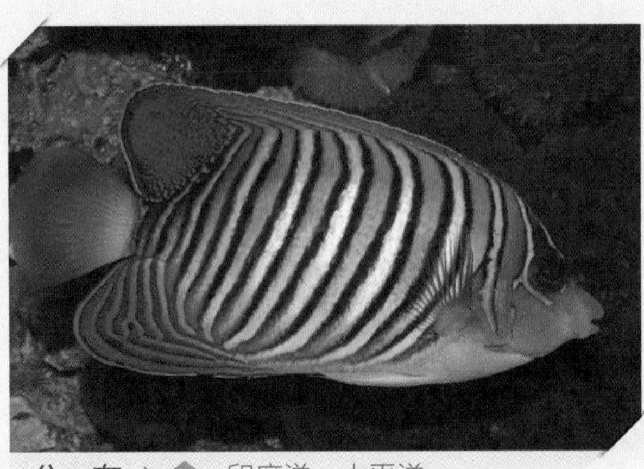

分　布 印度洋、太平洋。

14

双棘甲尻鱼

学　名
Pygoplites Diacanthus

英文名
Regal Angelfish

别　称
皇帝神仙

识别特征

中小型神仙鱼，体侧扁，尖嘴椭圆形，体色黄色并在体侧自胸鳍后方至尾柄分布六道左右带宽黑边的宽白纹，边缘清晰。额头上方的白纹向下延伸包围至双眼下方。背鳍和臀鳍围绕数圈蓝色及黄色细纹，其余各鳍黄色。

分 布 印度洋、太平洋。

15

主刺盖鱼（成鱼）

学 名
Pomacanthus Imperator

英文名
Emperor Angelfish

别 称
皇后神仙

识别特征

大型神仙鱼，体色蓝色为主，并自鳃盖后缘到尾柄有数道平行的黄色细纹。额头上为一道显著宽黑纵纹向下覆盖眼部并在胸鳍下方收窄，脸部颜色较浅，前腹部及鳃盖的大部分为黑色，身体上所有黑色部分均镶蓝色细边。额头黑带后方到上鳍及尾鳍均为黄色，下鳍蓝色。

分 布 印度洋、太平洋。

16

主刺盖鱼（幼鱼）

学 名
Pomacanthus Imperator

英文名
Emperor Angelfish

别 称
大花脸

识别特征

椭圆形侧扁，体色为蓝色及白色弯曲细纵纹自吻部开始遍布全身，在后部以尾柄为中心逐渐围绕成圆，并在圆心有一短横纹。上下鳍及尾鳍内侧，白色细纹路呈小圈状。

分 布 西太平洋。

17

仙女刺蝶鱼

学 名
Paracentropyge Venusta

英文名
Purplemask Angelfish

别 称
黄肚神仙

识别特征

小型神仙鱼，体色前部为黄色，额部上方到眼后有一三角形蓝斑，背鳍前方到腹鳍为分界，后部为深蓝色并有不明显的黑色花纹。

分 布 太平洋。

18

金点阿波鱼

学 名
Apolemichthys Xanthopunctatus

英文名
Goldspotted Angelfish

别 称
黄金火花

识别特征

中大型神仙鱼，体侧扁椭圆形。体色棕黄色并有不规则的浅金色小点密集分布。吻部为蓝色，额头有一黑斑，上下鳍及尾鳍均为黑色并在外缘有一圈蓝色细纹。

分 布 西太平洋。

19

黄尾灰仙

学 名
Chaetodontoplus Caeruleopunctatus

英文名
Bluespotted Angelfish

别 称
珍珠宝马

识别特征

中大型神仙鱼，背鳍和臀鳍常张开而使身体略呈长方形。体色黑色，上下鳍黑色，尾部黄色，身体前部为黄色及蓝色不规则的扭曲花纹，胸鳍基部有一包围蓝边的圆形黑斑。身体上有大量不规则分布的细碎浅蓝色小点。

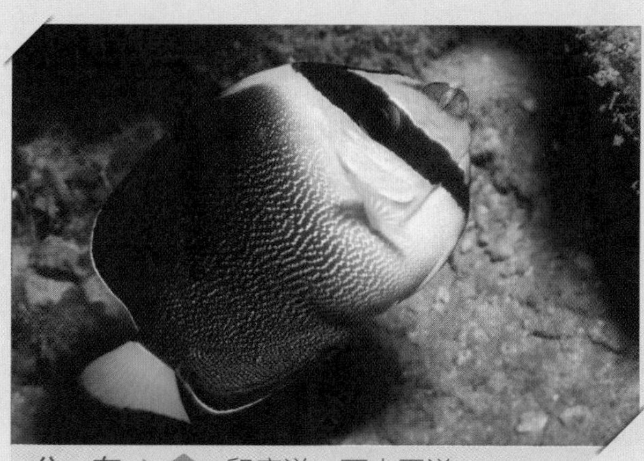

分 布 印度洋、西太平洋。

20

黄尾仙

学 名
Chaetodontoplus Mesoleucus

英文名
Vermiculated Angelfish

别 称
天皇仙

识别特征

小型神仙鱼，侧扁椭圆形，头部和尾部为黄色，嘴蓝色，一道黑色宽纵纹覆盖双眼，在其后直到腹部上方均为白色，后方至尾柄渐变为黑色，并布满接点状及碎片状不规则细横纹。

分 布 印度洋、太平洋。

21

海氏刺尻鱼

学 名
Centropyge Heraldi

英文名
Yellow Angelfish

别 称
黄新娘

识别特征

小型神仙鱼，体侧扁，体色黄色，眼后及背鳍后端有不明显的暗斑。

分 布 西太平洋。

22

弓纹刺盖鱼

学 名
Pomacanthus Arcuatus

英文名
Gray Angelfish

别 称
灰神仙

识别特征

中大型神仙鱼，体侧扁而高，上下鳍向后延伸出一尖端。体色灰色，嘴部白。鳃后缘到胸鳍后的三角部位深灰色，身体其他部分分布着深色小斑点。

分 布 西太平洋。

23

金背刺尻鱼

学 名
Centropyge Aurantonotus

英文名
Flameback Angelfish

别 称
火背神仙

识别特征

小型神仙鱼，体色分为蓝色和黄色两部分。脸部到胸鳍及背部包括背鳍均为暗黄色，其他部位为深蓝色，双眼围绕一个蓝圈。

分 布 太平洋。

24

胄刺尻鱼

学 名
Centropyge Loriculus

英文名
Flame Angelfish

别 称
火焰神仙

识别特征

小型神仙鱼，流线型，体色红色并在体侧有五六道不规则的清晰黑色宽纵纹，背鳍和臀鳍末端为两蓝色带黑色短横纹。

分 布 西太平洋。

25

蓝带荷包鱼

学 名
Chaetodontoplus Septentrionalis

英文名
Bluestriped Angelfish

别 称
金蝴蝶

识别特征

中大型神仙鱼，侧扁椭圆形，体色金棕色并全身有蓝色花纹。在脸部和上下鳍后部的花纹较弯曲，体侧则为平行的横纹。其余各鳍为黄色。

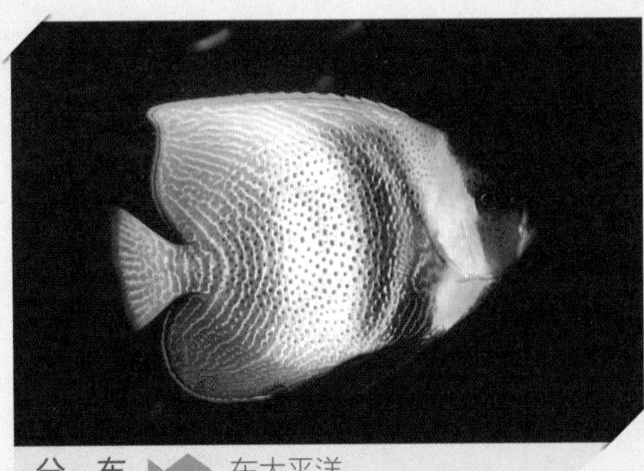

分 布 东太平洋。

26

金圈神仙（成鱼）

学 名
Pomacanthus Zonipectus

英文名
Cortez Angelfish

别 称
歌迪仙

识别特征

大型神仙鱼，体侧扁，椭圆流线型。体色为面部黑色，自鳃后到尾部呈现由深到浅的黄色，体中部颜色较浅，前后较深。体表布满深色小点，背鳍、臀鳍及尾鳍布满弯曲的点状不连续蓝色花纹。

分 布 东太平洋。

27

金圈神仙（幼鱼）

学 名
Pomacanthus Zonipectus

英文名
Cortez Angelfish

别 称
歌迪仙

识别特征

大型神仙鱼，体侧扁，椭圆流线型，全身蓝黑色，自吻部至尾柄有五道显著金色弯曲细纵纹平行排列，间隔间分布若干同向弯曲蓝色细纵纹。

分 布 东印度洋。

28

乔卡刺尻鱼

学 名
Centropyge Joculator

英文名
Yellowhead Angelfish

别 称
可可仙

识别特征

小型神仙鱼，侧扁椭圆形，吻部略尖。体色前半部分及尾部为明黄色，其余部分深蓝色，眼睛后部围绕半圈蓝边，上鳍后部有一黑斑点。

分　布 印度洋、西太平洋。

29

月蝶鱼（雌鱼）

学　名
Genicanthus Lamarck

英文名
Blackstriped Angelfish

别　称
拉马克神仙（雌鱼）

识别特征

中小型神仙鱼，椭圆流线型，有一条分叉的尾巴。体色为由上而下逐渐变浅的蓝灰色，四五道黑色横纹自脸部向后延伸至尾柄，上方的两道纹路更宽且分别延伸至尾鳍上下末端。上下鳍和尾鳍分布着小黑点，斑点密度比公鱼的低些。

分　布 印度洋、西太平洋。

30

月蝶鱼（雄鱼）

学　名
Genicanthus Lamarck

英文名
Blackstriped Angelfish

别　称
拉马克神仙（雄鱼）

识别特征

中小型神仙鱼，椭圆流线型，有一条分叉的尾巴，尾尖可延伸为细尖状。体色为由上而下逐渐变浅的蓝灰色，四五道黑色横纹自眼部向后延伸至尾柄，背鳍前端有一黄斑，背鳍外侧为黑色。上下鳍和尾鳍密集分布着小黑点。

分　布 太平洋。

31

渡边月蝶鱼

学　名
Genicanthus Watanabei

英文名
Blackedged Angelfish

别　称
蓝宝神仙（成鱼）

识别特征

中小型神仙鱼，椭圆流线型，有一条分叉的尾巴。体色蓝色，在体侧中下部及下鳍有数道黑色宽横纹，分布范围整体略呈三角形；尾柄前方有一短黄线，上鳍外缘和尾鳍末端有黑边。

分　布 太平洋。

32

渡边月蝶鱼

学　名
Genicanthus Watanabei

英文名
Blackedged Angelfish

别　称
蓝宝神仙（幼鱼）

识别特征

中小型神仙鱼，椭圆流线型，有一条分叉的尾巴。体色蓝色，额头部位颜色略浅，并有三道宽短黑纹从其上向下覆盖额头至脸部。背鳍和臀鳍外侧及尾鳍上下缘各有一条宽黑纹。

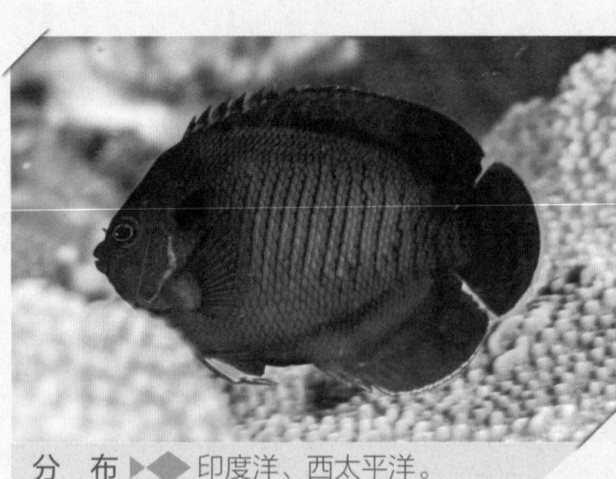

分　布 印度洋、西太平洋。

33

多棘刺尻鱼

学　名
Centropyge Multispinis

英文名
Dusky Angelfish

别　称
蓝翅黑仙

识别特征

小型神仙鱼，体侧扁流线型，体色红褐色，头部以及身体各鳍为蓝黑色，腹鳍和臀鳍具鲜蓝色边线。鳃盖后方的圆形斑纹为深蓝色带黑色边线。

分　布 印度洋、西太平洋。

34

环纹刺盖鱼

学　名
Pomacanthus Annularis

英文名
Bluering Angelfish

别　称
蓝环神仙　白尾蓝纹（成鱼）

识别特征

中大型神仙鱼，体侧扁椭圆形，上鳍向后延伸出尖端。体色棕黄色，腹部颜色略浅，尾巴为白色。两道平行蓝纹覆盖龙面部到胸鳍下方的位置，身体侧有几道风车状弯曲蓝色细纹布满身体。

分 布 印度洋、太平洋。

35

黄额剑盖鱼

学 名
Pomacanthus Xanthometopon

英文名
Yellowface Angelfish

别 称
蓝面神仙

识别特征

中大型神仙鱼，体侧扁椭圆形，体色金黄色并密布蓝色小圆点。两眼之间有一条黄色带，脸部和鳃盖密布蓝色花纹。背鳍末端有一黑色圆斑，俗称假眼。各鳍金黄色有蓝边。胸部金黄色。

分 布 印度洋、太平洋。

36

双棘刺尻鱼

学 名
Centropyge Bispinosa

英文名
Twospined Angelfish

别 称
蓝闪电

识别特征

小型神仙鱼，流线型，体色大部分为蓝色，体侧中间部分和胸腹部为金红色，并在体侧有密集的蓝色细纵纹，各鳍外缘有浅蓝色边缘。

分　布 西太平洋。

37

伊萨刺蝶鱼（成鱼）

学　名
Holacanthus Bermudensis

英文名
Blue Angelfish

别　称
蓝神仙

识别特征

中大型神仙鱼，体侧扁，体色呈浅绿色而稍暗，除背鳍和臀鳍外，其余各鳍为黄色。脸部和胸腹部偏黄，一道浅蓝色花边自下颌包围眼后部并延伸至额头，向后围绕龙背鳍和臀鳍的边缘，在鳃盖部位也有几道短蓝纹。

分　布 西太平洋。

38

伊萨刺蝶鱼（幼鱼）

学　名
Holacanthus Bermudensis

英文名
Blue Angelfish

别　称
蓝神仙

识别特征

侧扁形，体色黄色，一道深蓝色宽纵纹垂直覆盖眼部，并在上下鳍和身体后部转为带有若干白色细竖纹的深蓝色。

分 布 太平洋、印度洋。

39

半环刺盖鱼（成鱼）

学 名

Pomacanthus Semicirculatus

英文名

Halfcircled Angelfish

别 称

蓝纹神仙、北斗神仙

识别特征

中大型神仙鱼，体侧扁，上下鳍向后延伸出尖端。体色前后为深灰色，中部为一道边缘不清晰的黄色宽纵纹，延伸覆盖同位置的上下鳍和胸鳍。眼后、鳃盖后缘、面部和身体外缘各有一道蓝色细纹，并在体侧有许多密集小蓝点，在身体后部蓝点逐渐连接出向后弯曲的纹路。

分 布 印度洋、西太平洋。

40

半环刺盖鱼（幼鱼）

学 名

Pomacanthus Semicirculatus

英文名

Semicircle Angelfish

别 称

蓝纹神仙、北斗神仙

识别特征

体侧扁，流线型，体色为深蓝色并全体分布向后弯曲的白色细纵纹和深色小点。

分 布 西太平洋东部。

41

黄刺尻鱼

学 名
Centropyge Flavissima

英文名
Lemonpeel Angelfish

别 称
蓝眼黄新娘

识别特征

小型神仙鱼，流线型，体色黄色，眼周一圈和鳃后有蓝色花纹。

分 布 印度洋、西太平洋。

42

三点阿波鱼

学 名
Apolemichthys Trimaculatus

英文名
Threespot Angelfish

别 称
蓝嘴黄新娘

识别特征

中大型神仙鱼，侧扁流线型，体色黄色，头顶和鳃盖上方各有一带金圈的青色圆斑。腹部至整个下鳍为上白下黑的宽色带。嘴部和鳃棘为蓝色。

分 布 印度洋、太平洋。

43

马鞍刺盖鱼

学 名

Pomacanthus Navarchus

英文名

Bluegirdled Angelfish

别 称

马鞍神仙

识别特征

中大型神仙鱼，流线型，体色黄色，体侧有规则排列的深色小点并在额头至腹鳍及延伸到臀鳍和尾柄上方的背鳍末端有白边的深蓝色大斑块。

分 布 西太平洋。

44

三色刺蝶鱼

学 名

Holacanthus Tricolor

英文名

Rock Beauty

别 称

美国石美人

识别特征

中小型神仙鱼，流线型，体色黄色，胸鳍后方到尾柄的整块区域（不包括边缘）为深蓝紫色。背鳍和臀鳍外侧各有一道红边。

分　布 中太平洋东部。

45

弓背刺蝶鱼

学　名
Apolemichthys Arcuatus

英文名
Bandit Angelfish

别　称
蒙面神仙

识别特征

中大型神仙鱼，椭圆流线型，两道边缘清晰的显著宽黑纹分别从额头覆盖眼部直达背鳍末端，以及覆盖臀鳍和尾鳍外缘。在上侧黑带的上方为灰色，下方为白色，各鳍外缘有一道蓝边。

分　布 太平洋、印度洋。

46

额斑刺蝶鱼

学　名
Holacanthus Ciliaris

英文名
Queen Angelfish

别　称
女王神仙

识别特征

中大型神仙鱼，体高而侧扁，上下鳍向后延伸出等长的尖角。体色为较灰的浅红褐色，上下鳍颜色较深，脸部和其余各鳍为黄色。身体外侧除尾鳍外围绕一道清晰的蓝边，额头的黑斑、眼周、鳃后和胸鳍基部为蓝色。

分 布 太平洋。

47

断线刺尻鱼

学 名
Centropyge Interrupta

英文名
Japanese Angelfish

别 称
日本仙

识别特征

小型神仙鱼，体型流线型，体色前半部分为紫红色，向后逐渐渐变为深蓝色。胸腹部和尾巴略呈黄色。

分 布 印度洋、太平洋。

48

双棘刺尻鱼

学 名
Centropyge Bispinosus

英文名
Twospined Angelfish

别 称
珊瑚美人、蓝闪电

识别特征

小型神仙鱼，体侧扁流线型，体色为宝蓝色，体侧中部和胸腹部为红色，其中有数道深色纵纹。

分 布 印度洋、太平洋。

49

多带刺尻鱼

学 名

Paracentropyge Multifasciata

英文名

Barred Angelfish

别 称

十一间仙

识别特征

小型神仙鱼，侧扁流线型，均匀间隔排列的黑白宽纵纹自眼部开始至尾巴。自吻部至下鳍末端身体下侧呈现黄色。

分 布 印度洋、太平洋。

50

二色刺尻鱼

学 名

Centropyge Bicolor

英文名

Bicolor Angelfish

别 称

石美人

识别特征

小型神仙鱼，体侧扁流线型，体前部、胸鳍、腹鳍与背鳍之前部鲜黄色，体后部、背鳍后部与臀鳍宝蓝色；眶间区具蓝横带，向下扩展至眼下方。尾鳍鲜黄色。眼睛后部有一橙色瞳孔大小的圆斑。

分　布 东大西洋。

51

非洲刺蝶鱼

学　名
Holacanthus Africanus

英文名
Guinean Angelfish

别　称
西非仙

识别特征

中小型神仙鱼，体侧扁流线型，体色紫灰色，并在外缘一圈及各鳍为橘色。

分　布 西太平洋。

52

点荷包鱼

学　名
Chaetodontoplus Conspicillatus

英文名
Conspicuous Angelfish

别　称
眼镜仙

识别特征

中大型神仙鱼，体色为暗金色，头部略浅，上下鳍和尾鳍末端黑色并有一圈蓝边。鳃盖有两道蓝线，眼睛周围围绕一个带缺刻的蓝圈。

分　布 西印度洋。

53

斑纹刺盖鱼

学　名
Pomacanthus Maculosus

英文名
Yellowbar Angelfish

别　称
紫月神仙（成鱼）、半月神仙

识别特征

中大型神仙鱼，体侧扁流线型，上下鳍常延伸出尖端至尾鳍后方。体色深蓝紫色，并在体侧中后部有一块呈不规则半月形的大黄斑。

第二类

雀鲷科

NO. TWO

分　布 西太平洋。

54

鞍斑双锯鱼

学　名
Amphiprion Polymnus

英文名
Saddleback Clownfish

别　称
鞍背小丑、马鞍公

识别特征

小型雀鲷，身体呈椭圆形，体侧扁。口小，略能向前伸出。头、躯干及鳍基均覆有外缘有小锯齿状之中型鳞片；侧线中断为二，前段为有孔鳞片，后段仅小孔，位于尾部中央。单一背鳍，具硬棘；臀鳍具棘。体色橘褐色或近黑色，眼后、中部及尾鳍两边有白条纹，白斑比其他小丑鱼宽大。

分　布 西印度洋。

55

双色光鳃鱼

学　名
Chromis Dimidiata

英文名
Chocolatedip Chromis

别　称
半身魔

识别特征

小型雀鲷，体呈椭圆形，体侧扁。口小，略能向前伸出。头、躯干及鳍基均覆有外缘有小锯齿状之中型鳞片；侧线中断为二，前段为有孔鳞片，与背部轮廓平行而终于背鳍软条部下方，后段仅小孔位于尾部中央。单一背鳍，具硬棘；臀鳍具棘；尾鳍分叉。体色前后分界明显，前黑后白。

分 布 中印度洋东部到西太平洋。

56

网纹宅泥鱼

学 名
Dascyllus Reticulatus

英文名
Reticulate Dascyllus

别 称
二间雀

识别特征

小型雀鲷，体呈椭圆形，体侧扁。口小，略能向前伸出。头、躯干及鳍基均覆有外缘有小锯齿状之中型鳞片；侧线中断为二，前段为有孔鳞片，与背部轮廓平行而终于背鳍软条部下方，后段仅小孔，位于尾部中央。单一背鳍，具硬棘；臀鳍具棘；尾鳍分叉。体中部为浅银白色，头部颜色略深，两道黑色宽竖纹贯穿各鳍，并延伸相连。

分 布 西太平洋。

57

白条双锯鱼

学 名
Amphiprion Frenatus

英文名
Southseas Devil

别 称
番茄小丑

识别特征

小型雀鲷，体呈椭圆形，体侧扁。口小，略能向前伸出。头、躯干及鳍基均覆有外缘有小锯齿状之中型鳞片；侧线中断为二，前段为有孔鳞片，与背部轮廓平行而终于背鳍软条部下方，后段仅小孔，位于尾部中央。单一背鳍，具硬棘；臀鳍具棘；各鳍较圆，体色艳红，眼后有一道白色宽竖纹。

分 布 人工养殖，斐济，汤加。

58

陶波金翅雀鲷

学 名
Chrysiptera Taupou

英文名
Fiji Blue Devil Damselfish

别 称
斐济蓝魔、美国蓝魔鬼

识别特征

小型雀鲷，流线型，体呈椭圆形，体侧扁。口小，略能向前伸出。头、躯干及鳍基均覆有外缘有小锯齿状之中型鳞片；侧线中断为二，前段为有孔鳞片，与背部轮廓平行而终于背鳍软条部下方，后段仅小孔，位于尾部中央。单一背鳍，具硬棘；臀鳍具棘。身体亮蓝色，腹部黄色，各鳍亮黄色，体中有浅色小点。

分 布 西太平洋。

59

塔氏金翅雀鲷

学 名
Chrysiptera Talboti

英文名
Talbot's Demoiselle

别 称
粉红魔

识别特征

小型雀鲷，流线型，体呈椭圆形，体侧扁。口小，略能向前伸出。头、躯干及鳍基均覆有中型鳞片；侧线中断为二，前段为有孔鳞片，与背部轮廓平行而终于背鳍软条部下方，后段仅小孔，位于尾部中央。单一背鳍，具硬棘；臀鳍具棘。头部和胸鳍明黄色，后部浅蓝色，体色逐渐变化，背鳍有一显著黑斑。

分 布 西太平洋。

60

海葵双锯鱼

学 名
Amphiprion Percula

英文名
Orange Clownfish

别 称
公子小丑

识别特征

小型雀鲷，体呈椭圆形。有 30~38 个有孔的鳞片，在侧线上没有中断。它们的背鳍总共有 9 根或 10 根刺。身体全体橘红色，并在眼后、体中部及尾柄处有三道宽纵白纹，有时镶黑边。

分 布 印度洋、西太平洋。

61

特氏金翅雀鲷

学 名
Chrysiptera Traceyi

英文名
Tracey's Demoiselle

别 称
关岛蓝魔

识别特征

小型雀鲷，流线型，身体连同各鳍前部灰紫色并具深色小点，在后部三分之一处逐渐过渡为黄色。背鳍中部有一蓝色镶边的显著黑斑。

分　布 印度洋、西太平洋。

62

黑新剑雀鲷

学　名
Neoglyphidodon Melas

英文名
Bowtie Damselfish

别　称
黑　魔

识别特征

小型雀鲷，流线型，体呈椭圆形，体侧扁。口小，略能向前伸出。头、躯干及鳍基均覆有鳞片；有侧线。单一背鳍，具硬棘；臀鳍具棘；尾鳍分叉。全身黑色。

分　布 印度洋。

63

双带双锯鱼

学　名
Amphiprion Sebae

英文名
Sebae Clownfish

别　称
黑双带小丑

识别特征

中小型雀鲷，头尾部颜色浅，其余体色黑褐色。眼后、体中部和尾柄处各有一道白色纵宽纹。

分 布 太平洋。

64

黑褐副雀鲷（幼鱼）

学 名

Neoglyphidodon Nigroris

英文名

Blackmouth Bicolor Chromis

别 称

皇帝雀、金燕子

识别特征

小型雀鲷，流线型，各鳍均向后伸展出尖端。幼鱼时全身黄色，体侧有两道显著宽黑纹从眼部和眼上方延伸至尾柄中部和背鳍后部，胸鳍基部有一黑点。

分 布 太平洋。

65

黑褐副雀鲷（成鱼）

学 名

Neoglyphidodon Nigroris

英文名

Blackmouth Bicolor Chromis

别 称

皇帝雀、金燕子

识别特征

与幼鱼相比，身体前部棕灰色，后半部分渐变为黄色，黑纹完全消失，胸鳍黑点不变。

分　布 印度洋、西太平洋。

66

半蓝金翅雀鲷

学　名
Chrysiptera Hemicyanea

英文名
Azure Demoiselle

别　称
黄肚蓝魔

识别特征

小型雀鲷，流线型，体色金属蓝，腹部到尾鳍均为分界清晰的黄色，面部有两道短黑横纹贯穿双眼。

分　布 太平洋、印度洋。

67

金凹牙豆娘鱼

学　名
Amblyglyphidodon Aureus

英文名
Golden Damselfish

别　称
黄金雀、金豆娘

识别特征

小型雀鲷，体流线型稍圆，各鳍均向后延伸呈尖角，全身黄色。

分 布 西太平洋。

68

摩鹿加雀鲷

学 名
Pomacentrus Moluccensis

英文名
Lemon Damsel

别 称
黄 魔

识别特征

小型雀鲷，流线型，体呈椭圆形，体侧扁。口小，略能向前伸出。头、躯干及鳍基均覆有鳞片；有侧线。单一背鳍，具硬棘；臀鳍具棘；尾鳍分叉。全身黄色。

分 布 西太平洋中部。

69

克氏新箭齿雀鲷

学 名
Neoglyphidodon Crossi

英文名
Cross' Damsel

别 称
火燕子

识别特征

小型雀鲷，流线型，各鳍均向后延伸呈尖端。体色橙红色，体侧下半部分及上下鳍和尾鳍后部灰蓝色，一道显著蓝色细横纹自眼睛上方贯穿全身，并在额头相连。

分 布 太平洋。

70

高欢雀鲷

学 名
Hypsypops Rubicundus

英文名
Garibaldi Damselfish

别 称
美国红雀、加州宝石

识别特征

中大型雀鲷，流线型，各鳍末端较圆。成鱼全体金红色，幼鱼艳红色并分布不规则宝蓝色小斑点，各鳍外缘有蓝边。

分 布 印度洋、西太平洋。

71

棘颊雀鲷

学 名
Premnas Biaculeatus

英文名
Spinecheek Anemonefish

别 称
金透红

识别特征

中小型雀鲷，流线型，各鳍较圆。体色鲜红色，并在鳃盖后缘、体中部和尾柄有三道显著金色宽竖纹，鳃盖后有一根鳃棘。

分 布 西太平洋。

72

颈环双锯鱼

学 名
Amphiprion Perideraion

英文名
Pink Anemonefish

别 称
咖啡小丑

识别特征

小型雀鲷，椭圆流线型，体色为外缘颜色变浅的淡红棕色。各鳍为白色，两道显著细白纹分别位于吻部开始自背脊延伸至尾柄，以及沿鳃盖后缘的竖纹，两道纹路常在额顶相交。

分 布 西太平洋。

73

斯氏金翅雀鲷

学 名
Chrysiptera Springeri

英文名
Springer's Demoiselle

别 称
蓝宝石魔

识别特征

小型雀鲷，流线型，尾鳍透明，其他部分均为蓝黑色并分布浅蓝色斑点。

分 布 印度洋、西太平洋。

74

圆尾金翅雀鲷

学 名
Chrysiptera Cyanea

英文名
Sapphire Devil

别 称
蓝 魔

识别特征

小型雀鲷，流线型，身体蓝色，在眼部和背鳍后方有小黑斑。

分 布 西太平洋中部。

75

闪光新箭雀鲷

学 名
Neoglyphidodon Oxyodon

英文名
Bluestreak Damselfish

别 称
蓝丝绒

识别特征

小型雀鲷，流线型，体色黑色并在各鳍后缘和眼睛上下有不连续的弯曲蓝色细纹，体中部有一道浅黄色纵纹从背脊延伸到腹部。

分　布 西太平洋中部。

76

金腹雀鲷

学　名
Pomacentrus Auriventris

英文名
Goldbelly Damsel

别　称
蓝天堂

识别特征

小型雀鲷，流线型，体色分为两部分，尾柄、尾鳍、腹部和臀鳍为黄色，其他部分为金属蓝色，二者有清晰但不规则的分界。

分　布 太平洋、印度洋。

77

白带金翅雀鲷

学　名
Chrysiptera Leucopoma

英文名
Surge Damselfish

别　称
蓝线雀

识别特征

小型雀鲷，流线型，体色大部分黄色，嘴上部至上鳍后侧为深灰色，并在额头和眼上部有向后延伸的蓝色细纹。上鳍末端有一蓝圈。

分 布 印度洋、西太平洋。

78

蓝黑新雀鲷

学 名
Neopomacentrus cyanomos

英文名
Regal Demoiselle

别 称
蓝新雀

识别特征

小型雀鲷，流线型，体色为较深的灰绿色，胸鳍、上鳍后端和尾鳍后部为黄色，两种颜色边缘清晰。

分 布 印度洋、太平洋。

79

蓝绿光鳃鱼

学 名
Chromis Viridis

英文名
Blue green Damselfish

别 称
青 魔

识别特征

小型雀鲷，体型流线型，体呈椭圆形，体侧扁。口小，略能向前伸出。头、躯干及鳍基均覆有鳞片；有侧线。单一背鳍，具硬棘；臀鳍具棘；尾鳍分叉。体色为金属绿。

分　布 西太平洋。

80

太平洋双锯鱼

学　名
Amphiprion Tricinctus

英文名
Maroon Clownfish

别　称
三带小丑

识别特征

小型雀鲷，体型流线型，各鳍较圆。体色身体部分为黑色，外侧部分及各鳍为黄色，体侧在眼后、体中部及尾柄各有一道清晰的宽白竖纹。

分　布 印度洋、太平洋。

81

三斑宅泥鱼

学　名
Dascyllus Trimaculatus

英文名
Threespot Dascyllus

别　称
三点白

识别特征

小型雀鲷，体型流线型而略高，各鳍宽大而较圆，体色黑色，并在额部和体中部上侧各有一白色圆点。

分 布 西太平洋。

82

三带金翅雀鲷

学 名
Chrysiptera Tricincta

英文名
Threeband Damselfish

别 称
三间魔

识别特征

小型雀鲷，流线型，体色为银白色并在眼部、体中部和上下鳍末端各有一道黑色宽纵纹，尾部后侧为棕色。

分 布 太平洋。

83

宅泥鱼

学 名
Dascyllus Aruanus

英文名
Whitetail Dascyllus

别 称
三间雀

识别特征

小型雀鲷，体型较高而略呈圆形，体色为银白色并在眼部、体中部和上下鳍末端各有一道黑色宽纵纹，黑纹在背鳍上端相连，尾部透明。

分 布 太平洋。

84

灯颊鲷

学 名
Anomalops Katoptron

英文名
Splitfin Flashlightfish

别 称
闪电侠

识别特征

小型雀鲷，体型流线型，体色黑色。在脸颊部位有一道椭圆形长白斑，为夜间的发光器。

分 布 西太平洋。

85

史氏金翅雀鲷

学 名
Chrysiptera Starcki

英文名
Starck's Demoiselle

别 称
深水蓝魔

识别特征

小型雀鲷，体型流线型，体色深蓝色，但自头部延伸到背鳍末端及尾鳍为金黄色，颜色分界清晰。

分　布 西太平洋。

86

双带拟雀鲷

学　名
Pseudochromis Bitaeniatus

英文名
Double-striped Dottyback

别　称
双带草莓

识别特征

小型雀鲷，头部黄色，其后为褐色并在体侧中间有一道边缘不清晰的宽白横纹自鳃盖后方延伸至尾部。

分　布 西太平洋。

87

克氏双锯鱼

学　名
Amphiprion Clarkii

英文名
Yellowtail Clownfish

别　称
双带小丑

识别特征

小型雀鲷，体侧扁而各鳍较圆。体色为面部和各鳍黄色，体侧黑色并有三道白色宽纵带分别位于眼后、体中部和尾柄。

分 布 西太平洋。

88

黑尾宅泥鱼

学 名
Dascyllus Melanurus

英文名
Blacktail Humbug

别 称
四间雀

识别特征

小型雀鲷，体色白色，并自眼部开始有四条黑色宽带于眼睛、背鳍前端、背鳍后端和尾鳍末端的位置纵贯身体。

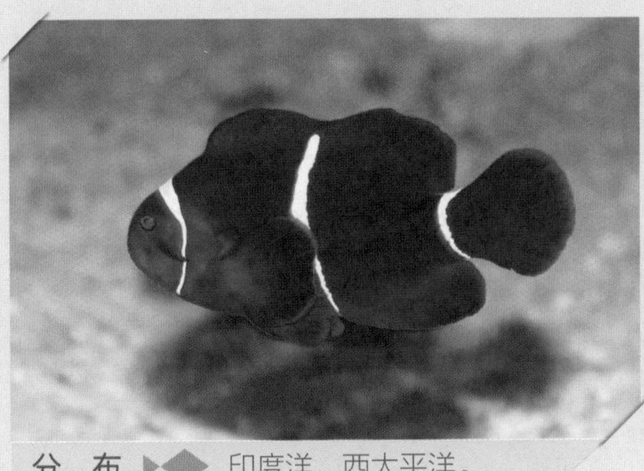

分 布 印度洋、西太平洋。

89

棘颊雀鲷

学 名
Premnas Biaculeatus

英文名
Spinecheek Anemonefish

别 称
透红小丑

识别特征

小型雀鲷，体型流线型，体色深红色，各鳍较圆，鳃棘明显。体侧贯穿有三道白色细竖纹，分别位于眼后、中部和尾柄。

分 布 太平洋、印度洋。

90

金蓝雀鲷

学 名
Neoglyphidodon Melas

英文名
Bowtie Damselfish

别 称
五彩魔

识别特征

小型雀鲷，体型流线型，体色灰紫色，吻部至背鳍上方的区域黄色，下鳍亮蓝色带黑边，尾鳍透明。

分 布 太平洋、印度洋。

91

岩豆娘鱼

学 名
Abudefduf Saxatilis

英文名
Sergeant-major

别 称
岩豆娘、五线豆娘

识别特征

中小型雀鲷，体型流线型而略圆，体色浅灰色泛青绿色光泽。体侧自鳃后开始有五道竖宽黑纹均匀排列。

分 布 太平洋、印度洋。

92

青光鳃鱼

学 名
Chromis Cyaneus

英文名
Blue Reef Chromis

别 称
燕尾蓝魔

识别特征

小型雀鲷，体型流线型，并有一个分叉的黑色长尾。体色宝蓝色，背部自吻部至尾鳍末端为黑色，各鳍外缘有黑边。

分 布 印度洋、西太平洋。

93

显盘雀鲷

学 名
Dischistodus Perspicillatus

英文名
White Damsel

别 称
云 雀

识别特征

小型雀鲷，体色乳白色，头部颜色略深。两道黑色宽带位于眼后和体中部，并向下逐渐变浅。

分　布 太平洋、印度洋。

94

眼斑椒雀鲷

学　名
Plectroglyphidodon Lacrymatus

英文名
Whitespotted Devil

别　称
珍珠雀

识别特征

小型雀鲷，体型流线型，体色棕绿色，身体布满宝蓝色小圆点。各鳍无斑点，但外侧有一道细蓝纹。

分　布 东印度洋和中西部太平洋。

95

艾伦氏雀鲷

学　名
Pomacentrus Alleni

英文名
Neon Damselfish

别　称
珍珠雀

识别特征

小型雀鲷，体型流线型，体色宝蓝色，上半侧有黄绿色光泽。背鳍和尾鳍下端颜色较深，臀鳍为黄色。

第三类

蝴蝶鱼科

NO. THREE

分　布 南太平洋。

96

林氏蝴蝶鱼

学　名
Chaetodon Rainfordi

英文名
Rainford's Butterflyfish

别　称
澳洲彩虹蝶、澳洲金间蝶

识别特征

中小型蝶鱼，体呈近圆形，侧扁，头部较小，吻部短而圆钝。口小，位于吻部前端，上下颌长度相等，双颌皆有整齐细小的牙齿，前鳃盖骨圆滑。背鳍、尾鳍、臀鳍等奇鳍基部都有细鳞，但是这些鳞片无鳞鞘。侧线单一且完整。背鳍仅有一个，矮长而连续无缺刻，臀鳍与背鳍的软条部位置相对。体色为黄色和银白色纵纹交替，金色纵纹中间夹杂有灰蓝色斑点。尾柄处有一块明显的眼斑，尾鳍末端有灰色纵纹。

分　布 太平洋、印度洋。

97

八带蝴蝶鱼

学　名
Chaetodon Octofasciatus

英文名
Eight Banded Butterflyfish

别　称
八线蝶、八间蝶

识别特征

中小型蝶鱼，体呈近圆形，侧扁，吻略微突出。前鳃盖骨圆滑。奇鳍基部都有细鳞，但是这些鳞片无鳞鞘。侧线单一且完整。背鳍仅有一个，矮长而连续无缺刻，臀鳍与背鳍的软条部位置相对。体色底色为黄色，布满黑纹，纹路之间颜色稍深，尾部透明。背鳍及臀鳍后缘圆润。

分 布 太平洋海域。

98

斑马蝶

学 名
Microcanthus strigatus

英文名
Australian Stripey

别 称
细刺鱼

识别特征

中小型蝶鱼，鱼体侧扁，略呈椭圆形，体高甚高。头部较小，吻部短而圆钝。口小，位于吻部前端，上下颌长度相等，双颌皆有整齐细小的牙齿，前鳃盖骨圆滑。背鳍、尾鳍、臀鳍等奇鳍基部都有细鳞，但是这些鳞片无鳞鞘。侧线单一且完整。背鳍仅有一个，矮长而连续无缺刻，臀鳍与背鳍的软条部位置相对，尾鳍叉形。体色主色调亮黄色，侧面有黑色斜条纹，延伸到背鳍和肛门鳍上，额头上有黑色条纹，位于眼睛后方。

分 布 太平洋、印度洋。

99

三带蝴蝶鱼

学 名
Chaetodon trifasciatus

英文名
Melon Butterflyfish,
Threebanded Butterflyfish

别 称
冬瓜蝶

识别特征

中型蝶鱼，体型椭圆形而侧扁。口小吻尖，端位，略可伸缩。牙齿细长尖锐，密集排列成刷子状。全身覆盖小型圆鳞，鳞片延伸到背鳍和臀鳍，侧线完整但不明显，呈弧形。背鳍连续，稍有凹口，有硬棘及软条。臀鳍具硬棘和软条。尾鳍圆形，有分支鳍条。头部有三道贯穿眼睛的黑色纵纹，各鳍后方有黑色纹路，其余体色较浅并有多条暗蓝色细纵纹，体后侧上部有一黑色长斑。

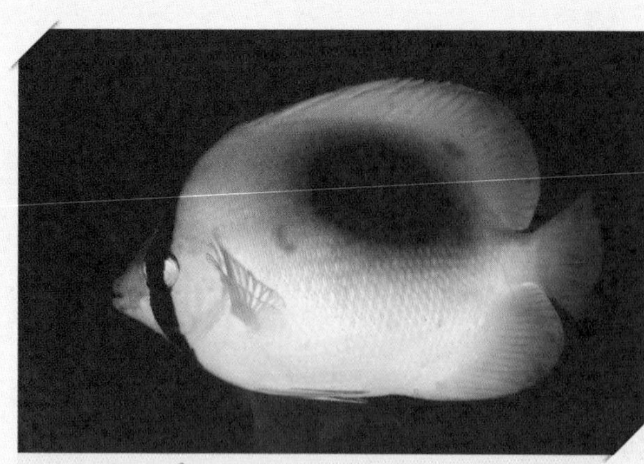

分　布 太平洋、印度洋。

100

镜斑蝴蝶鱼

学　名
Chaetodon Speculum

英文名
Mirror Butterflyfish

别　称
黄一点、黄镜斑

识别特征

中小型蝶鱼，体椭圆而侧扁，体高甚高。头部较小，吻部短而圆钝。口小，位于吻部前端，上下颌长度相等，双颌皆有整齐细小的牙齿，前鳃盖骨圆滑。背鳍、尾鳍、臀鳍等奇鳍基部都有细鳞，但是这些鳞片无鳞鞘。侧线单一且完整。背鳍仅有一个，矮长而连续无缺刻。全身黄色，头部有一宽黑纵纹贯穿眼部，体后部上侧有一块边缘不清晰的大圆黑斑，可大致占身体面积一半。

分　布 印度洋。

101

橙黄蝴蝶鱼、华丽蝴蝶鱼

学　名
Chaetodon Ornatissimus

英文名
Ornate Butterflyfish

别　称
风车蝶

识别特征

中小型蝶鱼，侧扁型，体色银白色，头部到尾部及各鳍外缘为黄色镶嵌黑色纹路，其中面部四条纵纹并有一道穿过眼部，各鳍有两道黑边。鱼体有六条倾斜的红褐色宽纹贯穿。

分 布 太平洋、印度洋。

102

马夫鱼

学 名
Heniochus Acuminatus

英文名
Pennant Coralfish, Featherfin Coachman

别 称
黑白关刀、头巾蝶鱼、白吻双带立旗鲷

识别特征

中小型蝶鱼，嘴尖，体侧扁而高，略呈三角形，棘刺向后延伸常超过体长。体色银白色并覆盖两道极宽纵黑纹，有一道细黑纹连通两眼之间。背鳍及尾鳍为透明黄色。

分 布 太平洋。

103

丁氏蝴蝶鱼

学 名
Chaetodon Tinkeri

英文名
Hawaiian Butterflyfish

别 称
黑丁卡式蝶

识别特征

中小型蝶鱼，尖嘴，侧扁椭圆形。体色由背鳍前端至腹鳍为清晰分界，上黑下白，白色部分有规则排列的黑点。一道黄色纵纹覆盖眼部，各鳍边缘及尾鳍黄色。

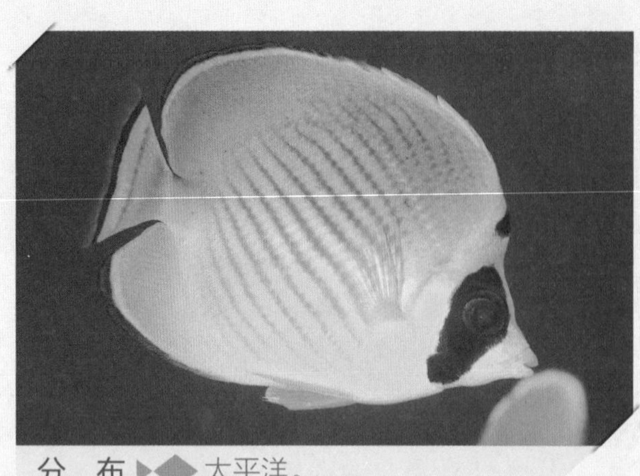

分　布 ▶◆ 太平洋。

104

项斑蝴蝶鱼

学　名
Chaetodon Adiergastos

英文名
Philippine Butterflyfish

别　称
乌顶蝴蝶鱼、黑头蝶、熊猫蝶

识别特征

中小型蝶鱼，尖嘴椭圆形，体银白色，具 13~15 道棕色斜纵纹，吻尖和上下鳍末端及尾鳍为黄色，并有黑边。两块显著大黑斑覆盖双眼，额头上另有一不相连小黑斑。

分　布 ▶◆ 太平洋。

105

麦氏蝴蝶鱼

学　名
Chaetodon Meyeri

英文名
The Scrawled Butterflyfish

别　称
黑风车蝶、黑斜纹蝶

识别特征

中小型蝶鱼，高而呈卵圆形，头部上方轮廓平直，眼间稍凹。吻尖，但不延长为管状。体被中型鳞片。背鳍单一。体及吻部灰白色或蓝白色，胸部及腹部黄色，体侧具数条呈环状之暗色纹，背鳍前方硬棘部之下方体侧具一内含许多红点之黄色斑块。头部具三条镶黄边的条带，中间的眼带窄于眼径，仅延伸至喉峡部。各鳍金黄色，背鳍及臀鳍具黑线纹，背鳍软条部另具红色短纵纹，尾鳍各另具两条红色与黑色相间之线纹。

分　布 太平洋、印度洋。

106

红海蝴蝶鱼

学　名
Chaetodon Austriacus

英文名
Black-tailed Butterflyfish

别　称
红海冬瓜蝶

识别特征

中小型蝶鱼，体侧扁，尖嘴椭圆形。体色黄色，头部三道黑色宽纵纹分别覆盖眼部及前后，体表有浅黑色倾斜细横纹由鳃后贯穿至尾柄。上鳍白色，腹鳍和尾鳍为黑色，各鳍均镶黄边。

分　布 太平洋、印度洋。

107

红海马夫鱼

学　名
Heniochus Intermedius

英文名
Red Sea Bannerfish

别　称
红海关刀

识别特征

小型关刀，尖嘴，略呈三角形而侧扁。背部有一白色长棘刺向后延伸超过体长。体色上部银白色、下部黄色并有两道边缘不清晰的极宽黑纵纹分别覆盖从眼部到胸鳍后方及从背鳍到尾柄的两段。额头为覆盖到吻部上方的黑色，胸鳍黑色，其余各鳍为黄色。

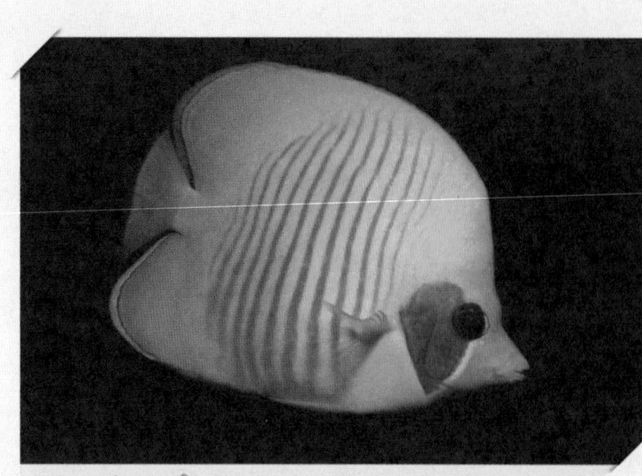

分　布 印度洋、太平洋。

108

黄色蝴蝶鱼

学　名
Chaetodon Semilarvatus

英文名
The Bluecheek Butterflyfish

别　称
红海黄金蝶

识别特征

中小型蝶鱼，体侧扁，尖嘴椭圆形。全身金黄色，体侧有数条浅灰红色细纵纹平行，从眼部到胸鳍前方有一显著蓝紫色心形大斑点。

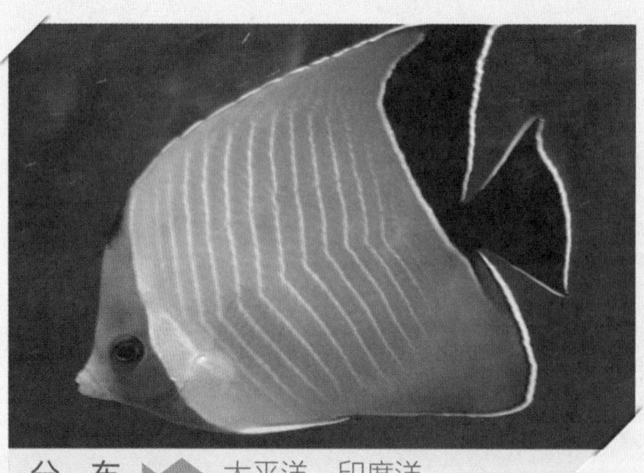

分　布 太平洋、印度洋。

109

怪蝴蝶鱼

学　名
Chaetodon Larvatus

英文名
Hooded Butterflyfish

别　称
红海天皇蝶、红海贵族

识别特征

小型蝶鱼，尖嘴椭圆形，体侧扁而高，背鳍和臀鳍伸长而近三角形，脸部橙色至棕黄色，身体白色至蓝灰色，有白色或淡黄色的从中间略有弯折的细纵纹，背鳍末端和尾鳍黑色，背鳍、臀鳍、尾鳍边缘有蓝色的细纹。不同色块之间有清晰分界。

分 布 太平洋、印度洋。

110

红尾蝴蝶鱼

学 名
Chaetodon Xanthurus

英文名
Pearlscale Butterflyfish

别 称
黄蝴蝶鱼、黄网蝶

识别特征

小型蝶鱼，体侧扁，尖嘴椭圆形，体色银白色并鳞片有黑边。一道黑纵纹覆盖眼部，其后的脊刺前方有一黑斑。背鳍后端和尾柄及臀鳍后端形成相连的较大的橘红色斑，尾鳍后部同样有橘色花纹。

分 布 太平洋、印度洋。

111

柏氏蝴蝶鱼

学 名
Chaetodon Burgessi

英文名
Burgess' Butterflyfish

别 称
波斯蝶、皇帝蝶、波斯蝴蝶鱼

识别特征

小型蝶鱼，尖嘴椭圆形，体色为分界清晰的黑白两色。胸鳍和尾鳍透明，三道宽黑斑纹分别从额头、前脊和背鳍中部以向斜下方伸展的形式覆盖眼部、延伸到胸鳍后方以及覆盖了尾柄和尾鳍末端，其他部分银白色。

分 布 印度洋、太平洋。

112

深黄镊口鱼

学 名

Forcipiger Flavissimus

英文名

The Yellow Longnose Butterflyfish; Forceps Butterflyfish

别 称

黄火箭

识别特征

中小型蝶鱼，体侧扁略呈方形，头面部向前凸出，有一个醒目的细长尖嘴。自背鳍前方至胸鳍前方至吻部上侧的三角形部位为黑色，其下部分为白色，二者以眼睛为中线水平分界，身体其余部分为黄色，尾鳍透明，并在下鳍后部靠近尾柄位置有一黑斑。

分 布 太平洋、印度洋。

113

斜纹蝴蝶鱼

学 名

Chaetodon Vagabundus

英文名

Vagabond Butterflyfish

别 称

假人字蝶、银蝶、漂浮蝴蝶鱼

识别特征

小型蝶鱼，体侧扁椭圆形，嘴尖。体色银白色，体侧有人字状交织的数道浅褐色细纹，三道黑色宽纵纹分别覆盖眼部和背鳍后侧下缘至尾柄及尾部中间。上下鳍后侧和尾部其他部分为黄色。与人字蝶的区别是这种鱼头部至背鳍的斜纹有六条，而人字蝶只有五条。

分 布 太平洋、印度洋。

114

三纹蝴蝶鱼、川纹蝴蝶鱼

学 名
Chaetodon Trifascialis

英文名
Chevroned Butterflyfish

别 称
箭蝶、排骨蝶

识别特征

小型蝶鱼，体侧扁椭圆形，体色银白色并有箭头状平行排列的黑色细纵纹。一道黑色宽纵纹覆盖眼部，尾鳍黑色。上下鳍后部及尾鳍边缘为橙黄色。

分 布 太平洋、印度洋。

115

四带马夫鱼、单交马夫鱼

学 名
Heniochus Singularis

英文名
Fourbanded Coachman, Singular Bannerfish

别 称
花关刀、金刀、怪面刀

识别特征

中小型蝶鱼，体侧扁略呈三角形，嘴稍尖而棘鳍呈尖刺状突出。体色黑白宽竖纹相间，三道黑纹在体侧呈川字形分布，背鳍和尾鳍为黄色。四带马夫鱼是唯一有黑点分布在白色带鳞片上的鱼，成鱼头上会长出尖角，背鳍软条与尾鳍均为黄色。

分 布 太平洋、印度洋。

116

蓝纹蝴蝶鱼

学 名
Chaetodon Fremblii

英文名
Bluestripe Butterfly

别 称
蓝线蝶、蓝线锦蝶

识别特征

中小型蝶鱼，体侧扁，尖嘴椭圆形，体色黄色，靠近尾柄处各有一半圆形大黑斑，两道蓝色横纹自吻部上方向后横贯至尾柄上方，并在上鳍后方包围一黑色圆斑。体侧有若干蓝色小斑点。面部形态像狐狸，早期也被称为狐锦蝶。

分 布 太平洋、印度洋。

117

扬幡蝴蝶鱼

学 名
Chaetodon Auriga

英文名
Threadfin Butterflyfish

别 称
丝蝴蝶鱼、人字蝶、线鳍蝴蝶鱼、白刺蝶

识别特征

中小型蝶鱼，体色前部银白色，自背鳍中部向后倾斜至下鳍后缘包括尾巴均为黄色，背鳍后方有一黑色圆斑。一道宽黑竖纹覆盖眼部，并在体侧有向后伸展的人字状交错深色条纹。

分 布 太平洋。

118

秀蝴蝶鱼

学 名
Chaetodon Daedalma

英文名
Wrought Iron Butterflyfish

别 称
日本黑蝶

识别特征

中小型蝶鱼，尖嘴流线型。体色黑色，各鳞片带有白边呈松球状。背部、头部的鳞片白色部分增大，体侧中央有一竖眼状白斑。体色以黑色为底，每一鳞片具有白色边缘，所以看起来具有许多小白点。各鳍为黑色，背鳍、臀鳍及尾鳍具有黑色边缘。

分 布 太平洋、印度洋。

119

钻嘴鱼

学 名
Chelmon Rostratus

英文名
Copperband Butterflyfish

别 称
铜带蝴蝶鱼、三间火箭、长吻钻嘴鱼

识别特征

小型蝶鱼，体侧扁而高，尖嘴流线型。体色白色并穿过眼部、胸鳍、体中部、体后侧和上下鳍末端的带黑边的黄色宽纵纹，背鳍末端有一黑色圆斑，尾巴透明。

分　布 太平洋、印度洋。

120

四斑蝴蝶鱼

学　名
Chaetodon Capistratus

英文名
The Foureye Butterflyfish

别　称
四眼蝶、四目蝶

识别特征

小型蝶鱼，尖嘴椭圆形，体色浅灰色，外缘一圈偏黄。一道深色宽纵带覆盖眼部，尾柄前方有一个围绕白圈的大黑斑。体侧有许多人字状向后伸展的细黑纹。上半部由头部向臀鳍方向斜；下半部由腹鳍往背鳍斜，形成锯齿形。

分　布 太平洋、印度洋。

121

尾点蝴蝶鱼

学　名
Chaetodon Ocellicaudus

英文名
Spot-tail Butterflyfish

别　称
太阳蝶

识别特征

小型蝶鱼，体侧扁，尖嘴椭圆形，棘刺明显。体色白色，身体外缘一圈为黄色，一道黑色竖纹垂直覆盖眼部。体侧有接点状黑色细斜纹，向后上方伸展并在背鳍下方汇聚为大黑斑。尾柄下方、臀鳍下方各有一个由小黑点团聚成的黑斑。

分 布 太平洋、印度洋。

122

多鳞霞蝶鱼

学 名
Hemitaurichthys Polylepis

英文名
Pyramid Butterflyfish

别 称
银斑蝶鱼、霞蝶

识别特征

中小型蝶鱼，体侧扁流线型，体色大部分白色，头部至胸部黑色，上鳍和下鳍及其下的部分身体为黄色并使体侧的白色部分略呈三角形，不同颜色间分界清晰。最显著特征乃身体上有一块极大的银色区域，它起自背鳍基底中央，分别向喉部及尾柄处扩展而尾柄及尾鳍亦为银色。此外，其他部位均为鲜黄色，背鳍和臀鳍亦为黄色；有些个体的头部颜色较深呈棕色。

分 布 太平洋、印度洋。

123

鳍斑蝴蝶鱼

学 名
Chaetodon Ocellatus

英文名
Spotfin Butterflyfish

别 称
美国白蝶、美国金翅蝶

识别特征

中小型蝶鱼，体侧扁流线型，棘鳍明显。体色上下鳍向后连接至尾部的部分和腹鳍为黄色，其余部分银白色。吻上和胸鳍基部有黄缘，一道竖黑纹覆盖眼部，背鳍后侧上方有一黑点。

分 布 太平洋、印度洋。

124

金口马夫鱼

学 名
Heniochus Chrysostomus

英文名
Threeband Pennantfish

别 称
羽毛关刀、三带立旗鲷、咖啡关刀

识别特征

小型蝶鱼，体高而呈三角形，背鳍凸出呈羽毛状，嘴部稍尖。体色为银白色，并有三道深棕色宽纵纹分别覆盖眼部，体中部和第二背鳍基部、吻部、胸鳍和尾鳍为黄色。

分 布 太平洋、印度洋。

125

鞭蝴蝶鱼

学 名
Chaetodon Ephippium

英文名
Saddle Butterflyfish

别 称
月光蝶、黑腰蝶、鞍斑蝴蝶鱼

识别特征

中小型蝶鱼，体侧扁流线型，吻部尖。体色浅灰绿色，体后部上侧四分之一为一个半圆形大黑斑，围绕一圈占据尾柄的白色宽带。各鳍均有一圈橙色或黄色边缘，吻部和眼部下方到胸部为黄色，体侧下半部分有数道浅黑色横纹。腹部有数条浅蓝色纵条纹。

分 布 太平洋、印度洋。

126

新月蝴蝶鱼

学 名
Chaetodon Lunula

英文名
Raccoon Butterflyfish

别 称
月斑蝴蝶鱼、月眉蝶、月鲷、白眉

识别特征

小型蝶鱼，体侧扁流线型，体色为上深下浅的黄色。眼后有一道明显的弯曲白宽带，并在其前后有覆盖眼部的弯曲黑斑。尾柄黑色。体侧有数道浅黑色斜纹。

第四类

隆头鱼科

分　布 太平洋、印度洋。

127

八带拟唇鱼、条纹拟唇鱼

学　名
Pseudocheilinus Octotaenia

英文名
Eight-Lined Wrasse

别　称
八线龙

识别特征

小型隆头鱼，体细长，具厚嘴唇，牙齿突出。体延长呈长椭圆形，侧扁。口中等大，前位，能向前方伸出。前上颌骨不固着于上颌骨。上颌骨被眶前骨所蔽。两颌齿前方数齿很强，呈犬齿状，常伸向外侧。下咽骨完全愈合为一，呈三角形唇厚，内侧有纵褶。假鳃发达。体被圆鳞。体色淡红色，体表有八条纵纹从鳃后贯穿至尾部。

分　布 太平洋、印度洋。

128

斑点海猪鱼

学　名
Halichoeres Margaritaceus

英文名
Pearly Wrasse

别　称
彩虹海猪鱼、虹彩海猪鱼

识别特征

小型隆头鱼，体细长，具厚嘴唇，牙齿突出。体被圆鳞，体表褐色带浅彩色花纹，雌鱼身体上半部深色，两边黄白色，腹部为白色；雄鱼背部深色带有亮蓝色斑点，逐渐过渡到黄绿色。

分 布 印度洋、太平洋。

129

青鲸鹦嘴鱼

学 名

Cetoscarus Bicolor

英文名

Bicolor Parrotfish

别 称

白鹦哥、青鹦嘴鱼、红点绿鹦哥鱼、双色鹦哥鱼

识别特征

大型鱼，吻圆钝，前额不突出。后鼻孔明显地大于前鼻孔。背鳍前具中线鳞。胸鳍具软条；尾鳍于幼鱼时圆形，成体时为内凹形。幼鱼期身体为白色，头部除吻部外为橙红色，边缘带黑线，吻部则为粉红色；背鳍具一外缘镶有橙色边的黑色斑点。初期阶段的体色为浅红褐色，背部黄色，体侧鳞片具黑色斑点及边缘，其色泽由上而下渐深。终期时的体色为深蓝绿色，体侧鳞片具粉红色缘；自下颌有一粉红色斑纹向后延伸至臀鳍基部；由上唇有一条粉红色线向后延伸经胸鳍基底而至臀鳍前缘，在此线上方有粉红色斑点分布于身体前部及头部，而在此线下方则呈为一致蓝绿色区域。背鳍及臀鳍为蓝绿色，于基部均有平行的粉红色斑纹；胸鳍为紫黑色；腹鳍为黄色，外缘为绿色；尾鳍为蓝绿色，外缘及基部为粉红色。

分 布 太平洋、印度洋、大西洋。

130

横带厚唇鱼、条纹厚唇鱼

学 名

Hemigymnus Fasciatus

英文名

Barred Thicklip Wrasse

别 称

条纹半裸鱼、斑节龙

识别特征

中型隆头鱼，体延长呈长椭圆形，侧扁。口中等大，前位，能向前方伸出。鼻孔两个。前上颌骨不固着于上颌骨。上颌骨被眶前骨所蔽。假鳃发达。体被圆鳞。体表头部呈红绿色交织花纹，身体中部颜色较深而有几道狭窄竖白纹。

分 布 西太平洋、印度洋。

131

珠斑大咽齿鱼、朱斑大咽齿鲷

学 名
Macropharyngodon Meleagris

英文名
Blackspotted Wrasse, Leopard Wrasse

别 称
真珠大咽齿鱼、石斑龙、豹龙

识别特征

中小型隆头鱼，体呈长椭圆形，侧扁。口中等大，前位，能向前方伸出。鼻孔两个。前上颌骨不固着于上颌骨。上颌骨被眶前骨所蔽。犁骨和腭骨无齿。下咽骨完全愈合为一，呈三角形唇厚，内侧有纵褶。假鳃发达。体被圆鳞，体表布满黑色及黄色散斑，交错呈豹纹状。

分 布 太平洋、印度洋。

132

蓝首锦鱼

学 名
Thalassoma Lucasanum

英文名
Paddlefin Wrasse

别 称
彩虹龙、蹼尾龙、红衣锦鱼

识别特征

中小型隆头鱼，体细长，具厚嘴唇，牙齿突出。体延长，侧扁。口中等大，前位，能向前方伸出。幼鱼偏黑，成鱼公鱼为绿黄红三段体色，雌鱼为黑黄红三色宽横纹。

分 布 西太平洋。

133

中恒丝隆头鱼

学 名
Cirrhilabrus Naokoae

英文名
Naoko's Fairy Wrasse

别 称
德国雀

识别特征

小型隆头鱼，流线型，体呈长椭圆形，侧扁。口中等大，前位能向前方伸出。鼻孔两个。假鳃发达。体被圆鳞。雄鱼体表上半部分为红色条纹，由吻部贯穿到尾部；中部为为黄色宽条纹，从胸鳍延伸至尾部；下巴至腹部为白色。雌鱼体表为红色并有几道蓝白色横纹自头部向后延伸。

分 布 印度洋、太平洋。

134

帝汶海猪鱼

学 名
Halichoeres Timorensis

英文名
Timor Wrasse

别 称
台茂海猪鱼

识别特征

小型海猪鱼，尖头流线型，体色为上深下浅的棕色，并带不连续的接点状红褐色纵纹，背鳍雄鱼整体主色调为棕色，上半部分颜色较深，腹部颜色较接近粉色。身体带有褐色和黄色斑纹，背鳍中部有一个黑色斑点。背鳍连贯头尾并具同样花纹，中部有一个深色圆斑。

分　布 大西洋、印度洋和太平洋。

135

虹彩海猪鱼

学　名
Halichoeres Iridis

英文名
Radiant Wrasse

别　称
东非烈焰龙

识别特征

小型隆头鱼，尖头流线型，体细长，具厚嘴唇。体延长，侧扁。口中等大，前位。前上颌骨不固着于上颌骨。上颌骨被眶前骨所蔽。下咽骨完全愈合为一，呈三角形唇厚，内侧有纵褶。假鳃发达。体被圆鳞。头部及背鳍边缘为亮黄色，面部有浅红绿色花纹，其余均为深红色。

分　布 太平洋、印度洋。

136

鳍斑普提鱼

学　名
Bodianus Diana

英文名
Red Diana Hogfish

别　称
对斑狐鲷、黄点龙、红星狐

识别特征

小型鱼，尖头流线型，体延长，呈长椭圆形，侧扁。口中等大，前位，能向前方伸出。鼻孔两个。前上颌骨不固着于上颌骨。上颌骨被眶前骨所蔽。假鳃发达。体被圆鳞。鱼体前半部至背部红棕色，下半部至尾部颜色由黄转淡。体上侧有少量黄斑点，背鳍前后、腹鳍与臀鳍中各具一大黑斑。

分 布 太平洋、印度洋。

137

艳丽丝隆头鱼、尾斑丝隆头鱼 成鱼（雄）

学 名
Cirrhilabrus Exquisitus

英文名
Exquisite Wrasse

别 称
艳丽丝鳍鹦鲷、多彩仙女龙、丽鹦鹉

识别特征

小型隆头鱼，尖嘴长流线型身体，具厚嘴唇，牙齿突出。体延长或呈长椭圆形，侧扁。口中等大，前位。雌鱼体红色，额头有一白斑，尾柄有一黑斑，雄鱼色彩艳丽，体侧有绿、红、白、黄等色块，并有蓝色细纹路分布于脸部及全身。

分 布 太平洋。

138

横带猪齿鱼

学 名
Choerodon Fasciatus

英文名
Harlequin Tuskfish

别 称
七带猪齿鱼、吕宋猪齿鱼、番王、红横带龙

识别特征

中小型隆头鱼，尖头流线型，侧扁。吻部可见尖齿，口中等大，前位，能向前方伸出。体被圆鳞。体侧黄白色和金红色宽竖纹交替排列，下部各鳍红色带蓝边。身体有七或八对交替突出的红色、蓝色、白色和黑色条纹。胸鳍为黄色。幼鱼在背鳍和尾鳍末梢各有一个黑色圆斑。

分　布 太平洋、印度洋。

139

卡氏副唇鱼

学　名
Paracheilinus Carpenteri

英文名
Carpenter's Flasher Wrasse

别　称
粉红雀、红鳍快闪龙

识别特征

小型隆头鱼，长流线型，在上方背鳍延伸有几根脊刺，体侧及各鳍均有蓝紫色接点状不连续花纹，雌鱼各鳍相对较小。幼鱼期是橘色带蓝色条纹，当成熟后，变成黄色带不连贯的蓝色条纹。背鳍上有三条伸长的脊刺，颜色是红色带黄色及蓝色。雄鱼的体色在求偶时颜色更鲜艳，而雌鱼的颜色则会减弱。

分　布 太平洋。

140

斑盔鱼

学　名
Coris Picta

英文名
Combfish

别　称
纵带盔鱼、黑带龙

识别特征

小型隆头鱼，尖头流线型，体延长，侧扁；口端位，上下颌具一列尖状齿，下颌往后侧而渐小；体被小鳞，头无鳞；鳃盖骨无鳞，侧线连续。体色上半黑色、下半白色，中间犬牙状交错，背部一道蓝色宽纵带贯穿全身，由额头延伸至尾柄，各鳍黄色。

分 布 太平洋、印度洋。

141

美普提鱼

学 名

Bodianus Pulchellus

英文名

Spotfin Hogfish Or Cuban Hogfish

别 称

美狐鲷、红狐、古巴三色龙、古巴猪鱼、红西班牙鱼、西班牙三色龙

识别特征

小型隆头鱼，尖头长流线型，体色鲜红，背鳍后方及尾柄和尾鳍的大部分为鲜黄色，颌下至尾柄有一道边缘不清晰的宽白纹，背鳍前部脊刺有蓝边。幼鱼全身黄色，背鳍前部有一黑斑。

分 布 太平洋、印度洋。

142

盖马氏盔鱼 成鱼（雄）

学 名

Coris_gaimard

英文名

Red Coris Wrasse，Coris Gaimard

别 称

露珠盔鱼、小丑龙、黄尾龙

识别特征

小型隆头鱼，长流线型，体色头部至后部由暗红色逐渐转为深紫色并布满蓝色小点，上下鳍均为暗红色带蓝边，面部有绿色花纹，尾部明黄色。幼鱼期，身体颜色是橘红色带白色老虎纹或块，条纹及各鳍带黑边。成熟后，身体是带斑点的蓝色，各鳍带黄色、红色及蓝色，面部是橘色带绿条纹。雄鱼身体上有亮蓝色条纹，就在臀鳍上面。

分　布 ▶◆ 太平洋、印度洋。

143

盖马氏盔鱼（幼鱼）

学　名

Coris Gaimard

英文名

Red Coris Wrasse，Coris gaimard

别　称

露珠盔鱼、小丑龙、黄尾龙

识别特征

小型隆头鱼，长流线型，全身红色并在体上侧有四个带黑边的椭圆白斑，其中第一个在额部两眼之间，最后一个在尾柄。幼鱼期，身体颜色是橘红色带白色老虎纹或块，条纹及各鳍带黑边。成熟后，身体是带斑点的蓝色，各鳍带黄色、红色及蓝色，面部是橘色带绿色条纹。雄鱼身体上有亮蓝色条纹，就在臀鳍上面。

分　布 ▶◆ 太平洋、印度洋。

144

黑头前角鲀

学　名

Pervagor Melanocephalus

英文名

Redtail Filefish

别　称

红尾炮弹、火焰炮弹

识别特征

本种鱼属于单角鲀科 Monacanthidae，体型为吻部略凸出的流线型，体色前半部分为深黑色，后半部分为橘红色，二者之间逐渐过渡。

分 布 太平洋、印度洋。

145

新月锦鱼

学 名

Thalassoma Lunare

英文名

Moon Wrasse

别 称

青衣龙、花面龙、花面绿龙

识别特征

中大型隆头鱼，体色青绿色，头尾部及各鳍稍浅。头部有不规则条纹状清晰的红斑，上下鳍和胸鳍中间各有一道红纹，尾柄上有一块不规则大黑斑。

分 布 太平洋、印度洋。

146

黑尾海猪鱼

学 名

Halichoeres Melanurus

英文名

Hoeven's Wrasse

别 称

黄斑海猪鱼、橙线龙、花猪龙

识别特征

小型海猪鱼，尖头流线型，体色棕绿色，身体前部较绿，吻部和尾鳍偏蓝。自吻部到尾柄有八条左右棕红色细横纹，并在脊背到体侧中部有五条左右不规则绿色纵纹。胸鳍基部为黄色，尾鳍尖端有一黑斑。

分　布 太平洋、印度洋。

147

橘背丝隆头鱼

学　名
Cirrhilabrus Aurantidorsalis

英文名
Orangeback Fairy-Wrasse

别　称
橘背丝鳍鹦鲷、黄背仙女龙、橘背鹦鹉

识别特征

小型隆头鱼，流线型，体色分三部分，腹部浅白色，上背部自鳃盖后缘至尾柄上方覆盖条状黄斑，中间自吻部到尾柄为紫红色。

分　布 太平洋、印度洋。

148

圃海海猪鱼

学　名
Halichoeres Hortulanus

英文名
Checkerboard Wrasse

别　称
云斑海猪鱼、黄花面龙、四齿仔、花面龙、黄花龙

识别特征

中小型隆头鱼，流线型，幼鱼体白色，头部黑色，体中央有一黑色宽横带，或扩散成斑驳，尾柄黑色，尾鳍黄色。雌鱼体白色，各鳞片有垂直蓝纹，背鳍前基部有一大黄斑，黄斑后部为一黑斑，头部绿色并有粉红色条纹，尾鳍黄色。雄鱼体蓝绿色，尾鳍橙红色并具黄色斑点。

分　布 太平洋、印度洋。

149

黄身海猪鱼

学　名
Halichoeres Chrysus

英文名
Halichoeres Chrysus

别　称
黄尾海猪鱼、黄金龙、金色海猪鱼

识别特征

小型隆头鱼,细长流线型,全身黄色,背鳍中部有一围绕着白圈的黑斑。

分　布 太平洋、印度洋。

150

黄背丝隆头鱼　成鱼（雄）

学　名
Cirrhilabrus Flavidorsalis

英文名
Yellow Fin Fairy Wrasse

别　称
黄背丝鳍鹦鲷、黄鳍仙女龙

识别特征

雄鱼整体主色调为粉色，头部为朱红色，身体也有三块从背鳍基部向下的朱红色块。背鳍为黄色。雌鱼整体为红色，尾柄上有一个黑色的点。

分　布 太平洋。

151

黄尾双臀刺隆头鱼

学　名
Diproctacanthus Xanthurus

英文名
Yellowtail Tubelip

别　称
黄尾医生、黄尾飘飘

识别特征

小型隆头鱼，细长流线型，腹部黄色，其他部位有两道宽黑纹和两道宽白纹相间，自吻部延伸至尾柄，其中一道黑纹覆盖眼部。

分　布 太平洋、印度洋。

152

黄尾阿南鱼

学　名
Anampses Meleagrides

英文名
The Spotted Wrasse

别　称
北斗阿南鱼、珍珠龙、黄尾珍珠龙

识别特征

小型隆头鱼，长流线型，尾部黄色，身体为嘴部稍浅的黑色并布满规则分布的白色小圆点。

分 布 太平洋、印度洋。

153

横带唇鱼（成鱼）

学 名

Cheilinus Fasciatus

英文名

Red-Breasted Wrasse

别 称

黄带唇鱼、假藩王、红头黑间狐

识别特征

体侧扁，唇厚，体色变化大。幼鱼体红棕色，具八或九条白色细横带，随成长而白带变宽，体色由红棕色转为暗褐色，胸鳍附近区域具橘红色大斑。成鱼则完全转为黑横带，红色区域大而显眼，尾鳍由截形变成上下叶延长。年龄较大的成鱼额头有瘤斑状突出。

分 布 太平洋、印度洋。

154

花尾连鳍鱼

学 名

Novaculichthys Taeniourus

英文名

Rockmover Wrasse，
Dragon Wrasse

别 称

带尾新隆鱼、角龙

识别特征

中小型隆头鱼，流线型，幼鱼期全体棕红色并规则分布有黑边的白斑和黑色纵纹；上下鳍参差刺状高耸，额头后方有一显著高耸的分叉棘刺。成鱼头部及尾柄为白色，其他部分体色为黑色并具规则排列的小白点，在上下鳍处延伸为白色花纹，胸部后侧有一块红斑。

分 布 太平洋、印度洋。

155

蓝背副唇鱼 成鱼（雄）

学 名
Paracheilinus Cyaneus

英文名
Blue Flasherwrasse

别 称
蓝尾快闪龙

识别特征

雄鱼整体主色调为红紫色，头部上方至背部直到尾柄上方均为蓝色，身体上有断断续续蓝色细线，腹部有些紫色花纹。背鳍为粉色，后部有多根长丝。臀鳍为红色，基部有紫色小点，外缘为蓝色。尾鳍上下拉长呈燕尾状，带有蓝色花纹。雌鱼整体为橙红色，背鳍后部也有细长丝，但是较小个体没有。

分 布 太平洋、印度洋。

156

哈氏锦鱼

学 名
Thalassoma Hardwicke

英文名
Hardwicke Wrasse

别 称
鞍斑锦鱼、六间龙

识别特征

中大型隆头鱼，流线型，体色上侧黄绿色，下侧蓝绿色，脸部和颜色分界处有粉红色花纹。体侧有五六道上宽下尖的显著黑斑。

分 布 太平洋、印度洋。

157

六带拟唇鱼

学 名
Pseudocheilinus Hexataenia

英文名
Six-Line Wrasse

别 称
六线龙、六线狐

识别特征

小型隆头鱼，流线型，体色紫红色，体侧有数道（一般为六道）灰蓝色与橙红色相间的横纹自头部延伸至尾柄，尾部绿色，尾柄上侧有一小黑斑。

分 布 太平洋。

158

绿鳍海猪鱼

学 名
Halichoeres Chloropterus

英文名
Green Wrasse

别 称
绿龙、绿猪龙、青龙

识别特征

小型隆头鱼,尖嘴流线型,体色翠绿色,腹部银白。

分　布　太平洋、印度洋。

159

杂色尖嘴鱼　成鱼（雄）

学　名
Gomphosus Varius

英文名
Bird Wrasse

别　称
鸟龙、鸟嘴龙、鸟鹦鲷、鸟仔鱼、出角鸟、染色尖嘴鱼、尖嘴龙、青鸭嘴龙

识别特征

吻部延长呈管状，唇厚，内侧有纵褶。两颌各具一行牙，上颌前端具一对弯曲的犬牙，口角无犬牙。侧线完全。雌雄体色各异。雄鱼体蓝绿色，尾鳍边缘淡绿色，呈半月形；雌鱼头部橘红色，体前半部黄褐色，后半部黑褐色，尾鳍棕褐色，后缘黄色，呈截形。

分　布　太平洋、印度洋。

160

玫瑰细鳞盔鱼（幼鱼）

学　名
Hologymnosus Rhodonotus

英文名
Redback Longface Wrasse, The Red Slender Wrasse

别　称
玫瑰全裸鹦鲷、铅笔龙

识别特征

雄鱼和雌鱼整体主色调均为红色，但是雄鱼的下巴和腹部有不规则的绿色和黑色斑纹，雌鱼腹部则为白色。雄鱼的背鳍为褐色，雌鱼背鳍则是红色。雄鱼尾鳍是黑色和粉色及黄色相间，雌鱼是黄色。幼鱼颜色非常鲜艳，橙红色与白色横向条纹相间，尾鳍为橙黄色。

分 布 太平洋、印度洋。

161

黄衣锦鱼 成鱼（雄）

学 名
Thalassoma Lutescens

英文名
Banana Wrasse

别 称
胸斑锦鱼、青花龙、香蕉龙

识别特征

雄鱼头部和身体到胸鳍基部后面有宽阔的红橙色波浪线，身体的其他部分为蓝绿色。胸鳍呈黄色，末梢为蓝色。背鳍和臀鳍为黄绿色，沿基部呈朱红色条纹。尾鳍为黄绿色，上边缘和下边缘附近带有朱红色的边缘条纹。

雌鱼身体整体黄色，头部呈波浪状橙色至红色线条，每个鳞片上呈朱红色垂直标记，在身体上呈现细垂直线条密布。幼鱼上面呈绿色，眼睛后方有黑色条纹，尾巴基部有个黑色点，下半身体白色，下巴至尾柄下部有黄色条纹。

分 布 太平洋。

162

黑鳍湿鹦鲷

学 名
Wetmorella Nigropinnata

英文名
Sharpnose Wrasse，
Possum Wrasse

别 称
黑鳍隆头鱼、箭头龙、金带箭龙

识别特征

小型隆头鱼，形状类似箭头，所以得名。尖嘴流线型，体色锈红色，棘鳍明显并呈椭圆形。眼后和尾柄前方各有一显著金色宽纵带，腹鳍黑色，上下鳍后缘各有一带金边的黑色眼圈。幼鱼期身体大部分是红橘色，带有白色垂直条纹。成鱼后，颜色变为深锈色。雄鱼和雌鱼在颜色上很接近，但当繁殖期，雄鱼的颜色变得非常鲜艳。颜色有时也会根据鱼的情绪变化。

分 布 太平洋、印度洋。

163

瑞士狐

学 名

Liopropoma Rubre

英文名

Peppermint Basslet, Swissguard Basslet

别 称

红长鲈

识别特征

体型流线型，体色紫红色并有整齐清晰的橙黄色横纹自吻部向后延伸覆盖到整个尾部。上下鳍末端和尾鳍上下各有一个带蓝圈的黑圆斑。幼鱼背鳍有修长的附属物，功能未知，可能起到迷惑天敌的作用，也可能是拟态管水母。

分 布 太平洋、印度洋。

164

中胸普提鱼

学 名

Bodianus Mesothorax

英文名

Split-Level Hogfish, Coral Hogfish

别 称

中胸狐鲷、三色狐、七星狐、猎狐

识别特征

小型隆头鱼，尖嘴流线型，体色前部深红色并带小黑点，后半部分浅黄色至白色，两种颜色之间有一条边缘不规则的倾斜黑带分隔。其幼鱼为褐色并全身带有近圆形大金斑。

分 布 太平洋、印度洋。

165

三线紫胸鱼 成鱼（雄）

学 名
Stethojulis Trilineata

英文名
Three-Blueline Wrasse，Three-Lined Rainbowfish

别 称
三线龙、柳冷仔、汕冷仔、三线鹦鲷

识别特征

小型隆头鱼，体型流线型，体色金绿色，鳃后有一块黄色，腹部颜色较浅。本鱼体侧扁，体色变化大。幼鱼体色灰黑色，背部密布白点；雌鱼体色青绿色，腹部具数列规则黑点。雄鱼背部青绿色，发出四条浅绿色细纹，中间一道至胸鳍后结束，另三道一直延伸至尾柄。背鳍红色。

分 布 太平洋、印度洋。

166

费氏盔鱼

学 名
Coris Frerei

英文名
Queen Coris

别 称
台湾龙、东非西瓜龙

识别特征

中小型隆头鱼，体型流线型，体色头部黄色并有几道蓝色弯曲的细纹，后部青灰色并有不规则分布的小黑斑。上下鳍和尾鳍红色，尾鳍末端白色。

分 布 太平洋、印度洋。

167

克氏海猪鱼 成鱼（雄）

学 名
Halichoeres Claudia

英文名
Christmas Wrasse

别 称
圣诞龙、八线龙

识别特征

雄鱼整体主色调为灰白色，身体有不规则断断续续的红棕色花纹。背鳍上有两个圆形黑色斑点（成熟的雄鱼背鳍中部只有一个圆形黑色斑点），头部颜色较绿色。雌鱼整体颜色和雄鱼接近，但是背鳍斑点为蓝色且大。幼鱼整体主色调为青绿色，身体有几条棕色线条，背鳍上有两个较大的蓝色圆形斑点。

分 布 太平洋、印度洋。

168

红喉盔鱼

学 名
Coris Aygula

英文名
Twin Spot Wrasse

别 称
鳃斑盔鱼、双印龙、和尚龙

识别特征

小型隆头鱼，体型流线型，体色乳白色并在前半部分和各鳍不规则分布着眼睛大小的黑点。背部中央和背鳍后端的身体上各有一显著橘红色大圆斑，其上的背鳍中各有一黑色圆斑。

分 布 太平洋、印度洋。

169

姬拟唇鱼

学 名
Pseudocheilinus Evanidus

英文名
Striated Wrasse

别 称
丝绒狐

识别特征

体侧扁，体型小。体呈橘红色，体侧具22条黄色细纵纹，尾鳍圆形，眼下方具一条白色短纵带。

分 布 太平洋。

170

波纹唇鱼

学 名
Cheilinus Undulatus

英文名
Humphead Wrasse

别 称
苏眉、波纹鹦鲷、曲纹唇鱼、拿破仑鲷、龙王鲷、海哥

识别特征

大型隆头鱼，体型流线型，呈长卵圆形；头部轮廓自背部至眼平直，然后凸出。成鱼前额突出口端位，中大；上下颌各具锥形齿一列，前鳃盖骨边缘具锯齿，左右鳃膜愈合，不与峡部相逢体被大形圆鳞。成鱼背鳍与臀鳍后部延长，达尾鳍基部；尾鳍圆形。老成鱼腹鳍可达肛门之后。幼鱼体浅绿色，每一鳞片具黑纹；眼后具两条黑纹。成鱼体绿色，体侧每一鳞片具黄绿色及灰绿色横线；头具橙色与绿色的网状细线；奇鳍密部细斜线；尾鳍后缘黄色。

分　布 太平洋、印度洋。

171

双斑普提鱼

学　名
Bodianus Bimaculatus

英文名
Twospot Pigfish,
Yellow Candy Hogfish

别　称
金背狐、黄糖果狐、双斑狐鲷、糖果龙

识别特征

稚鱼体色为鲜黄色，而且当红色的线发育的时候，雌鱼体色变得更橘色。雄鱼体色主要是粉红色带有红色的线。胸鳍上方及尾柄处各有一黑色圆斑。

分　布 太平洋、印度洋。

172

黄衣锦鱼　成鱼（雌）

学　名
Thalassoma Lutescens

英文名
Yellow-Brown Wrasse

别　称
胸斑锦鱼、青花龙、香蕉龙

识别特征

雄鱼头部和身体到胸鳍基部后面有宽阔的红橙色波浪线，身体的其他部分为蓝绿色。胸鳍呈黄色，末梢为蓝色。背鳍和臀鳍为黄绿色，沿基部呈朱红色条纹。尾鳍为黄绿色，上边缘和下边缘附近带有朱红色的边缘条纹。雌鱼身体整体黄色，头部呈波浪状橙色至红色线条，每个鳞片上呈朱红色垂直标记，在身体上呈现细垂直线条密布。幼鱼上面呈绿色，眼睛后方有黑色条纹，尾巴基部有一个黑色点，下半身体白色，下巴至尾柄下部有黄色条纹。

分 布 太平洋、印度洋。

173

黑鳍厚唇鱼

学 名

Hemigymnus Melapterus

英文名

Blackeye Thicklip, Half-And-Half Thicklip

别 称

黑鳍半裸鱼、熊猫龙

识别特征

中大型隆头鱼，体型流线型，体色自胸鳍后方开始为黑色并每个鳞片中间为青绿色，额头上方浅灰色带有浅红色迷宫状花纹，下半部分白色。上下鳍及尾鳍上均有浅蓝色细花纹。

分 布 太平洋、印度洋。

174

红丝丝隆头鱼 成鱼（雄）

学 名

Cirrhilabrus Lineatus

英文名

Lineatus Fairy Wrasse

别 称

薰衣草仙女龙、蓝线鹦鹉

识别特征

雄鱼整体主色调为暗橙色，身体布有蓝色的条纹和点状花纹，各鳍均有蓝色的点和线条。雌鱼整体为橙黄色至粉色，蓝色线条主要集中在鳃盖附近，其他各处的花纹非常不明显。

分 布 太平洋、印度洋。

175

伊津普提鱼

学 名
Bodianus Izuensis

英文名
Juvenile Striped Pigfish

别 称
伊津狐鲷、薄荷狐

识别特征

小型隆头鱼，流线型，体色银白色并有数道黑红色宽横带自吻部延伸至尾柄，夹杂有一些黑点。

分 布 太平洋、印度洋。

176

裂唇鱼

学 名
Labroides Dimidiatus

英文名
Bluestreak Cleaner Wrasse

别 称
医生鱼、飘飘

识别特征

小型裂唇鱼，体型流线型，体色为自头部开始由浅到深的蓝色，并有一道逐渐变宽的黑横带自吻部覆盖双眼并延伸至尾部。

分 布 太平洋、印度洋。

177

黄环丝隆头鱼

学 名
Cirrhilabrus Luteovittatus

英文名
Velvet Multicolor Wrasse, Yellowband Wrasse

别 称
鹦鹉龙、五彩鹦鹉、紫艳仙女龙、黄环丝鹦鲷

识别特征

中小型隆头鱼，体色上半部分棕红色，下半部分浅蓝色，体侧中间有一道黄色宽横带。

分 布 太平洋、印度洋。

178

红普提鱼

学 名
Bodianus Rufus

英文名
Spanish Hogfish

别 称
红狐鲷、紫狐、古巴狐、西班牙猪鱼

识别特征

中大型隆头鱼，体型流线型，体色黄色并在自眼后至背鳍后段的上半部分呈现不规则边缘的紫灰色。背部有一块从头部开始的紫色斑块，随着鱼的生长，这个斑块会逐渐向全身扩散，并变浅。当鱼生长到一定阶段时，身体颜色开始杂乱起来，紫色和黄色逐渐交融，最后浑浊得看不清楚。因此，成鱼不如幼鱼具有观赏价值。

第五类

虾虎鱼科

分　布 印度洋、西太平洋。

179

白天线虾虎

学　名
Stonogobiops Yasha

英文名
Orange-striped Shrimpgoby

别　称
白连膜虾虎鱼

识别特征

小型虾虎鱼，身体细长，体型小，有两条脊鳍。第一条有几根细微的脊骨，头部和两侧有一系列小的感觉器官，尾巴呈圆形。体色鲜艳，体表具红白水平斑纹，尖刺状背鳍很长，颌下黑红色，其余各鳍宽大，为亮黄色。

分　布 太平洋、印度洋。

180

斑纹虾虎

学　名
Valenciennea Longipinnis

英文名
Long-finned Goby

别　称
长鳍凡塘鳢、长鳍范氏塘鳢

识别特征

小型虾虎鱼，体长形，侧扁。头侧扁。眼不突出于头的背面，无游离下眼睑。口大，下颌及颏部突出。无侧线。背鳍两个，臀鳍与第二背鳍同形，相对；胸鳍圆形，基部肌肉不发达，不呈臂状；左右腹鳍愈合成一吸盘，尾鳍圆形。体型细小。体色浅色，带有规则排列的黑色斑点，混合着橘色和荧光蓝色水平细纹及斑点遍布全身。

分 布 太平洋。

181

橙纹虾虎

学 名
Amblygobius Decussatus

英文名
Orange-striped Goby

别 称
华丽钝虾虎鱼

识别特征

小型虾虎鱼，身体长圆形，体型小，有两条脊鳍。第一条有几根细微的脊骨，头部和两侧有一系列小的感觉器官，尾巴呈圆形。体表带亮橘色纹理，垂直条纹与水平条纹交错形成方形格子。

分 布 西太平洋。

182

大帆虾虎

学 名
Amblyeleotris Randalli

英文名
Randall's Prawn-goby

别 称
伦氏钝塘鳢、伦氏钝鲨

识别特征

小型虾虎鱼，体长形，侧扁。头侧扁。眼不突出于头的背面，无游离下眼睑。口大，下颌及颏部突出。无侧线。背鳍两个，臀鳍与第二背鳍同形，相对；胸鳍圆形，基部肌肉不发达，不呈臂状；左右腹鳍愈合成一吸盘，尾鳍圆形。体型细小。体表白色带有橘色窄竖条，并有一条纹穿过眼睛。背鳍高大并带白斑点，雄鱼背鳍有一个大黑斑。

分　布 热带地区岩礁或珊瑚礁潮间带。

183

金刚虾虎

学　名

Exallias Brevis

英文名

Leopard Blenny

别　称

豹鳚、短多须鳚

识别特征

小型虾虎鱼，身体流线型，呈长条状。稍微侧扁，眼睛接近头顶上方。口小。下颚后方长着两枚向后弯的锐利犬齿。背鳍一个。体表没有鳞片。属于底栖，没有鳔。全身包括各鳍均布满黑色小斑点。

分　布 热带海区。

184

奥奈氏富山虾虎鱼

学　名

Tomiyamichthys Oni

英文名

Monster Shrimpgoby

别　称

富山虾虎

识别特征

小型虾虎鱼，体长形，头侧扁。眼不突出于头的背面，无游离下眼睑。口大，下颌及颏部突出。无侧线。背鳍 2 个，臀鳍与第二背鳍同形，相对；胸鳍圆形，基部肌肉不发达，不呈臂状；左右腹鳍愈合成一吸盘尾鳍圆形。体型细小。体色浅灰色，各鳍均有深褐色不规则斑纹。

分 布 太平洋、印度洋。

185

眼斑连鳍鮨

学 名

Synchiropus Ocellatus

英文名

Scooter Blenny

别 称

眼斑鼠鮨鱼、红青蛙

识别特征

小型虾虎鱼，常底部停留，胸鳍发达。体型流线型，吻部和双眼突出，体色浅白色上布满不规则红色斑点，略呈不连续宽竖纹。

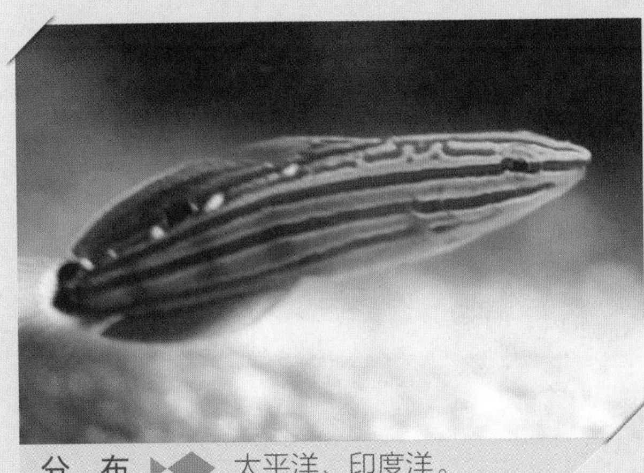

分 布 太平洋、印度洋。

186

红线钝虾虎鱼

学 名

Amblygobius Rainfordi

英文名

Old Glory Goby

别 称

红线虾虎

识别特征

身体长流线型，体色黄绿色和红色的横纹各三四道，从吻部贯穿至尾鳍，背鳍与背部相交的部分有若干黑点和白点。

分 布 太平洋、印度洋潮间带。

187

虎纹虾虎

学 名
Valenciennea Wardii

英文名
Widebarred Goby

别 称
鞍带虾虎、老虎虾虎、大帆霸王虾虎

识别特征

小型虾虎鱼，体型流线型，嘴阔，各鳍偏圆，常底部停留。体色为白色底色，头部棕色，体上有三道背脊逐渐变浅的棕色宽纵纹及两道靠近背脊的小棕斑。尾鳍外围棕色，背鳍棕色，中间有一个黑色圆斑，双眼下方有一道亮蓝色短横纹从吻部连接至胸鳍。

分 布 太平洋、印度洋。

188

细纹凤鳚

学 名
Salarias Fasciatus

英文名
Jewelled Blenny

别 称
细纹唇齿鳚、西瓜刨、巴士、花豹、食苔古 B

识别特征

小型虾虎鱼，体型长流线型，常底部停留。体色浅棕色并全体布满镂空点状的深色宽纵纹，双眼从头部突出，并在眼上部有一丛小刺。

分 布 太平洋、印度洋潮间带。

189

指鳍鰧

学 名

Dactylopus Dactylopus

英文名

Finger Dragonet

别 称

花青蛙

识别特征

小型虾虎鱼，体色棕褐色，并具备多而杂乱的斑点状花纹。身体上主要有红边的小蓝点及浅黄色小点，下鳍有蓝色小点，上鳍为黑色而具金色细格纹，尾鳍有金色和蓝色交替的扇状纹路。

分 布 印度洋。

190

花斑连鳍

学 名

Synchiropus Splendidus

英文名

Mandarinfish

别 称

皇冠青蛙、五彩青蛙、七彩麒麟

识别特征

小型虾虎类，吻部及双眼突出。体色为以红、绿、黄等为主的分界清晰的弯曲花纹覆盖全身及各鳍。雄鱼第一根脊刺长而尖。

分　布 太平洋、印度洋潮间带。

191

黑唇丝虾虎鱼

学　名
Cryptocentrus Cinctus

英文名
Yellow Shrimp Goby

别　称
黄金虾虎、硫磺虾虎、金虾虎、黄企鹅古 B

识别特征

小型虾虎鱼，常底部停留，细长流线型，体金黄色并全身密集分布浅色小斑点，有时可见暗色宽纵纹。嘴阔，眼部突出，各鳍宽大，为透明浅黄色，有同样斑点。

分　布 印度洋。

192

橙色叶虾虎鱼

学　名
Gobiodon Citrinus

英文名
Poison Goby

别　称
柠檬蟋蟀

识别特征

超小型虾虎鱼，流线型，各鳍较圆。体色金黄并在头部有三四道稀疏不连续的蓝色细纵纹。

分 布 太平洋、印度洋。

193

宝石连鳍䲗

学 名
Synchiropus Sycorax

英文名
Ruby Red Dragonet

别 称
金翅火麒麟

识别特征

小型虾虎鱼，流线型，常底部停留。体色红色，腹部黄色，整体布满白色及蓝色小点。各鳍发达，棘鳍高耸呈扇状，并分布弯曲的金色网格状花纹。

分 布 太平洋。

194

金头虾虎

学 名
Valenciennea Strigata

英文名
Blueband Glidergoby

别 称
丝条凡塘鳢、红带范氏塘鳢、金头鲨

识别特征

小型虾虎鱼，长流线型，体色灰色，头部金黄色并有一道亮蓝横纹自吻部穿过眼睛下部至胸鳍前端。

分　布 太平洋。

195

赫氏钝虾虎鱼

学　名
Amblygobius Hectori

英文名
Hector's Goby

别　称
金线虾虎鱼、黄纹虾虎

识别特征

小型虾虎鱼，长流线型，头尾区别不明显。体色为金色和黑色细横纹相间排列覆盖全身，并在靠近尾部处有一金圈。

分　布 太平洋、印度洋。

196

霓虹虾虎鱼

学　名
Neon Goby

英文名
Neon Goby - Blue

别　称
蓝灯虾虎

识别特征

小型虾虎鱼，细长流线型，体色为黑色，腹部白色，体侧有一道蓝色亮纹自吻部贯穿至尾尖。

分 布 太平洋、印度洋。

197

斯氏弱棘鱼

学 名
Hoplolatilus Starcki

英文名
Bluehead Tilefish

别 称
蓝面鸳鸯

识别特征

小型虾虎类,体型长流线型,体色金黄色,头部蓝色。

分 布 太平洋、印度洋。

198

蓝带血虾虎鱼

学 名
Lythrypnus Dalli

英文名
Bluebanded Goby

别 称
红天堂虾虎、蓝线鸳鸯、火焰虾虎

 识别特征

小型虾虎鱼，流线型，常底部停留，体色橘红色，尾部稍浅。六道左右蓝色细纵纹规则的环绕身体，并在眼部附近有扭曲的蓝色花纹。

分　布 太平洋、印度洋。

199

丝鳍线塘鳢

学　名
Nemateleotris Magnifica

英文名
Fire Dartfish

别　称
雷达、火鸟

识别特征

小型虾虎鱼，长流线型，体色前半部分白色，自中部分界开始渐变为深红色。脸部浅黄色，额头及背鳍分布蓝色小圆点。背鳍棘鳍为高耸尖刺状。

分　布 印度洋。

200

尾斑钝虾虎鱼

学　名
Amblygobius Phalaena

英文名
Banded Goby

别　称
尾斑钝鲨、林奇虾虎、天狗虾虎、林哥虾虎

识别特征

中小型虾虎色，体长流线型，体色为从头部向后逐渐变深的黄褐色。体侧有若干深色宽纵带，头部和上下鳍有零星的蓝色斑纹。

分 布 印度洋。

201

六斑凡塘鳢

学 名
Valenciennea Sexguttata

英文名
Sixspot Goby

别 称
六点虾虎、蓝点白虾虎、白虾虎

识别特征

小型虾虎鱼，底部停留，长流线型，体色灰色至浅蓝色，胸腹部略浅。腮部有几个亮蓝色小斑点。

分 布 非洲海岸潮间带。

202

莫桑比克稀棘鳚

学 名
Meiacanthus Mossambicus

英文名
Mozambique Fangblenny

别 称
东非琴尾鸳鸯

识别特征

小型虾虎鱼，体型长流线型，稍微侧扁，眼睛接近头顶上方，背鳍一个，没有鳞片。没有鳔。有一条分叉的长尾。体色为较暗的金绿色，尾部黄色。

分 布 太平洋。

203

蓝点虎虾

学 名
Opistognathus Rosenblatti

英文名
Blue-Spotted Jawfish

别 称
蓝点鸳鸯

识别特征

中小型虾虎鱼，体型流线型，底部停留。体色橙黄色，由头到尾逐渐变深，体侧布满不规则的亮蓝色斑点。

分 布 太平洋、印度洋。

204

黑尾鳍塘鳢

学 名
Ptereleotris Evides

英文名
Blackfin Dartfish

别 称
瑰丽凹尾塘鳢、喷射机、黑尾喷射机

识别特征

小型虾虎鱼，体型流线型，背鳍和臀鳍自身体中部高耸而整体呈扇形。体色前半部分浅黑色，自中部开始变为蓝黑色。

分 布 太平洋、印度洋。

205

双色异齿鳚

学 名
Ecsenius Bicolor

英文名
Bicolor Blenny

别 称
双色虾虎

识别特征

小型虾虎鱼，体型长流线型，常底部停留。体色前半部分蓝色至暗褐色，后半部分橙黄色，中间无明显分界。

分 布 太平洋、印度洋。

206

双带凡塘鳢

学 名
Valenciennea Helsdingenii

英文名
Twostripe Goby

别 称
黑线虾虎、双线虾虎

识别特征

小型虾虎鱼，体型长流线型，体色上半部分浅灰色，下半部分银白色，两道红褐色细纹分别穿过眼部和上唇平行延伸至尾鳍的上下端，并在两道横线于胸鳍前方的部分之间为黄色。背鳍前部有一个围绕白圈的黑斑。

分　布 太平洋、印度洋。

207

双斑显色虾虎鱼

学　名
Signigobius Biocellatus

英文名
Twinspot Goby

别　称
四驱车虾虎

识别特征

小型虾虎鱼，体型流线型，并有显著宽大高耸的鳍，常底部停留。体色为灰色并覆盖不规则棕色大小斑块，一条棕色细竖纹覆盖眼部。下鳍均为黑色，尾鳍透明，背鳍上有两个带白边的黑色圆斑。

分　布 太平洋、印度洋。

208

变色连鳍鮨

学　名
Synchiropus Picturatus

英文名
Picturesque Dragonet

别　称
圆点青蛙、绿青蛙

识别特征

小型虾虎鱼，体型流线型，吻部和双眼突出，常底部停留，体色暗绿色，并覆盖若干有围绕红圈和绿圈的黑斑，面部有红绿色细花纹。

分 布 太平洋、印度洋。

209

半带钝虾虎鱼

学 名

Amblygobius Semicinctus

英文名

Half-Barred Goby

别 称

子弹虾虎

识别特征

小型虾虎鱼，体型流线型，常底部停留。体色为上深下浅的棕灰色，并自吻部上方至尾柄有接点状花纹形成的纵线和横线，棘鳍中部和尾鳍中部各有一黑点。

分 布 太平洋、印度洋。

210

华丽线塘鳢

学 名

Nemateleotris Decora

英文名

Elegant Firefish

别 称

紫雷达、紫火鸟

识别特征

小型虾虎鱼，体型流线型，棘鳍尖刺状高耸，背鳍和臀鳍水平延伸至尾部。体色为逐渐变深的暗紫色，吻部至额头为紫色，各鳍红色。

分　布 太平洋、印度洋。

211

紫似弱棘鱼

学　名
Hoplolatilus Purpureus

英文名
Purple Sand Tilefish

别　称
紫鸳鸯

识别特征

小型虾虎鱼，体型流线型，体色为头部深紫色，后部偏紫红，尾部分叉的两边为红色。

分　布 印度洋。

212

点带范氏塘鳢

学　名
Valenciennea Puellaris

英文名
Diamondback Goby

别　称
钻石哨兵

识别特征

小型虾虎鱼，体型流线型，常底部停留。体色乳白色，并有若干橘红色斑点和亮蓝色斑点组成的不连续的接点状横纹。

第六类 刺尾鱼科

NO.SIX

分 布 印度洋 太平洋。

213

额带刺尾鱼、杜氏刺尾鲷

学 名

Acanthurus Dussumieri

英文名

Eyestripe Surgeonfish

别 称

橙波纹吊、眼纹吊

识别特征

中大型倒吊鱼，体呈椭圆形而侧扁。头小，头背部轮廓不特别突出。口小，端位，背鳍及臀鳍硬棘尖锐，各鳍条皆不延长；胸鳍近三角形；尾鳍弯月形，随着成长，上下叶逐渐延长。体黄褐色，具许多蓝色不规则的波状纵线，头部黄色而具有蓝色点及蠕纹；紧贴着眼睛后方具一不规则黄色斑块及眼前另具一黄色带横跨眼间隔；鳃盖膜黑色。背鳍及臀鳍黄色，基底及鳍缘具蓝带；尾鳍蓝色，具许多小黑点，基部有一黄弧带；胸鳍上半黄色，下半蓝色或暗色；尾柄棘沟缘为黑色，尾棘则为白色。

分 布 印度洋 太平洋。

214

高鳍刺尾鱼、高鳍刺尾鲷

学 名

Zebrasoma Veliferum

英文名

Sailfin Tang

别 称

大帆吊

识别特征

中型倒吊鱼，椭圆形，口小，端位，背鳍及臀鳍硬棘尖锐，各鳍条皆不延长；胸鳍近三角形；底色褐色并带有棕红色斑点和花纹，体侧有六条浅色竖纹，不延伸至各鳍。

分 布 印度洋、太平洋。

215

长吻鼻鱼

学 名
Naso Unicornis

英文名
Bluespine Unicornfish, Short-Nose Unicornfish

别 称
蓝背独角吊、长吻独角吊、单角鼻鱼

识别特征

大型倒吊鱼，体呈椭圆形而侧扁；尾柄部有两个盾状骨板，各有一个龙骨突。头小，随着成长，在眼前方之额部逐渐突出而形成短而钝圆之角状突起，其长度与吻长略同，吻背朝后上方倾斜，直到角突处为止。口小，端位，上下颌各具一列齿，齿稍侧扁且尖锐，两侧有锯状齿。背鳍、臀鳍具尖锐硬棘，各鳍条皆不延长；尾鳍截平，上下叶缘延长如丝。体呈蓝灰色，腹侧则为黄褐色，尾柄上的骨质板为蓝黑色。背鳍与臀鳍有数条暗色纵线，并具蓝缘。

分 布 太平洋、印度洋。

216

坦氏刺尾鱼

学 名
Acanthurus Tennentii

英文名
Lieutenant Surgeonfish

别 称
耳斑吊

识别特征

大型倒吊鱼，椭圆流线型，体卵圆，侧扁。皮肤较坚韧，被以细小粗糙鳞片，与鲨鱼皮相似；各鳍大都无鳞。尾柄两侧各有一个或多个尖棘或带有锐嵴的骨板或瘤突。口小，前位，不能或稍能向前突出。前鳃盖骨后缘无锯齿。腹鳍有硬棘，侧线完整。背鳍一枚，连续且基底长；尾鳍凹形。尾柄部有一至数枚硬棘或骨板。浅褐色体色，并有一圈深蓝色线条，眼后有上下两块黑斑，尾柄有一带蓝边的黑斑，尾部外缘有一道亮蓝色镶边。

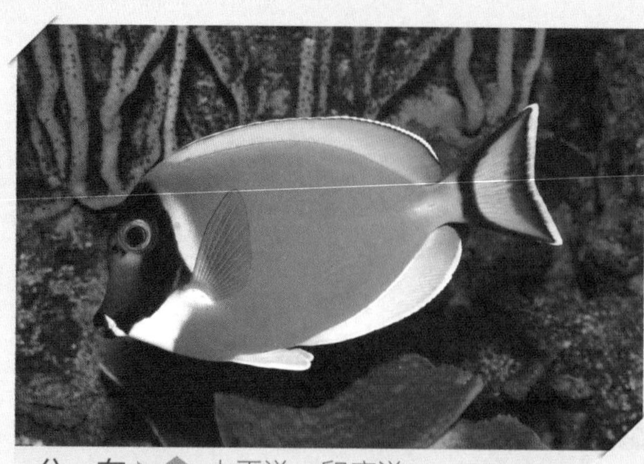

分　布 太平洋、印度洋。

217

白胸刺尾鱼

学　名
Acanthurus Leucosternon

英文名
Blue Surgeonfish

别　称
粉蓝吊

识别特征

中小型倒吊鱼，体椭圆，侧扁。皮肤较坚韧，被以细小粗糙鳞片，与鲨鱼皮相似；各鳍大都无鳞。尾柄两侧各有一个或多个尖棘或带有锐嵴的骨板或瘤突。口小，前位，不能或稍能向前突出。前鳃盖骨后缘无锯齿。腹鳍有硬棘，侧线完整。背鳍一枚，连续且基底长；尾鳍凹形。尾柄部有一至数枚硬棘或骨板。身体呈灰蓝色，上鳍亮黄色，下鳍灰白色，尾柄黄色，面部和尾部均为黑白两色交织。

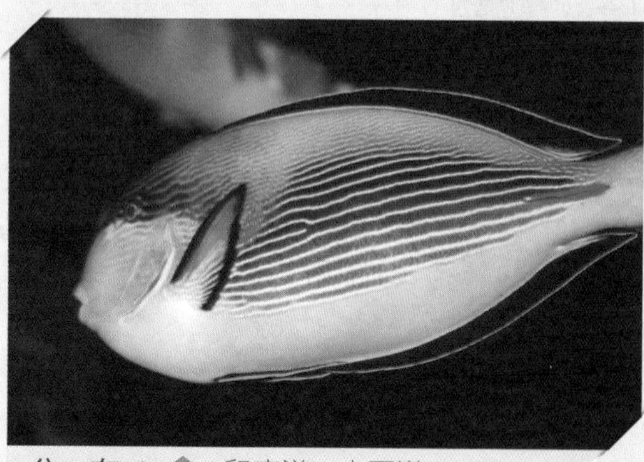

分　布 印度洋、太平洋。

218

红海刺尾鱼

学　名
Acanthurus Sohal

英文名
Red Sea Surgeonfish

别　称
红海骑士

识别特征

中大型倒吊鱼，椭圆流线型，体色深灰色，身体上半部分由眼部开始到尾柄有数条粗细不等的平行浅黑横纹，胸鳍后端和尾柄中央各有一条红斑。胸鳍有黑边，上下鳍和尾鳍为黑色带蓝边，尾鳍常上下拉长为叉状。

分 布 太平洋、印度洋。

219

黑鳃刺尾鱼

学 名
Acanthurus Pyroferus

英文名
Mimic Surgeonfish

别 称
巧克力吊、南太平洋蓝眼吊、金吊、黄吊

识别特征

中小型倒吊鱼，椭圆流线型，体黄色，幼鱼在眼睛及鳃盖周围带细蓝纹，长大后蓝色消失，仅在脸部和上鳍颜色比其他部位稍浅。

分 布 太平洋、印度洋。

220

狐蓝子鱼

学 名
Siganus Vulpinus

英文名
Foxface Rabbitfish

别 称
狐面蓝子鱼、罗蓝子鱼、黄狐狸、普通狐狸

识别特征

中小型倒吊鱼，身体大部分为黄色，头部到胸鳍后方为黑白相间，其中前额从背鳍前部到吻下为黑色并覆盖双眼，胸部到鳃后的三角形部位为黑色。

分　布 太平洋、印度洋。

221

黄高鳍刺尾鱼

学　名
Zebrasoma Flavescens

英文名
Somber Surgeonfish

别　称
黄金吊

识别特征

中小型倒吊鱼，身体部位较圆，上下鳍宽而高耸，吻部较尖。全身均为金黄色。

分　布 太平洋、印度洋。

222

印尼栉齿刺尾鱼

学　名
Ctenochaetus Tominiensis

英文名
Orange-tip Bristletooth

别　称
火箭吊、黄翅吊

识别特征

中小型倒吊鱼，流线型，体色灰色，腹部略浅。尾鳍白色，上下鳍带有辐射状蓝色细纹，外缘为边缘清晰的黄色。

分 布 太平洋、印度洋。

223

斑点刺尾鲷

学 名

Acanthurus Guttatus

英文名

Whitespotted Surgeonfish

别 称

斑点刺尾鱼、白点倒吊、粗皮仔、芥辣吊

识别特征

中小型倒吊鱼，椭圆流线型，体色灰色并密集不规则分布小白点，体前部有二至三道白色宽竖纹，腹部白色，腹鳍和尾鳍前部为黄色。

分 布 中太平洋东部。

224

金眼吊

学 名

Ctenochaetus Strigosus

英文名

Yellow-Eyed Tang, Spotted Surgeonfish, Kole Tang, Kole Yellow Eye Tang

别 称

橙眼吊、橙线吊

识别特征

中小型倒吊鱼，体色棕褐色，头部密集分布浅蓝色小点，自胸鳍后部开始向后变为平行分布的蓝色细横纹，并呈辐射状布满各鳍。嘴部蓝色眼睛围绕一显著金圈。

分 布 太平洋、印度洋。

225

小高鳍刺尾鲷

学 名

Zebrasoma Scopas

英文名

Scopas Tang

别 称

咖啡吊、三角吊

识别特征

中小型倒吊鱼，椭圆流线型，上下鳍较高。体色为前浅后深的黄褐色，头部有密集分布的浅色小点，自胸鳍后部开始向后变为平行分布的蓝色细横纹，并呈辐射状布满各鳍。

分 布 太平洋、印度洋。

226

凹吻蓝子鱼

学 名

Siganus Corallinus

英文名

Blue-Spotted Spinefoot

别 称

蓝点狐狸

识别特征

中小型倒吊鱼，长椭圆流线型，体色为上深下浅的黄色，一道弧形黑斑覆盖了额头、眼部和颌下。全身布满蓝色细纹路，在面部和腹部结为圈状，其他部分为略不连续的横纹。

分 布 太平洋、印度洋。

227

蓝吊、黄尾副刺尾鱼

学 名

Paracanthurus Hepatus

英文名

Blue Tang, Palette Surgeon, Regal Blue Surgeonfish, Palette Surgeonfish, Wedge-Tailed Tang, Wedgetail Blue Tang, Blue Surgeonfish, Indo-Pacific Bluetang, Flagtail Surgeonfish, Hepatus Tang

别 称

拟刺尾鲷、蓝吊、蓝倒吊、剥皮鱼、蓝藻鱼

识别特征

中小型倒吊鱼，流线椭圆形，体色蓝色，尾部黄色。一块边缘清晰前窄后宽的空心黑斑自眼睛开始向后延伸至尾柄，上下鳍及尾鳍外缘均为黑色，面部零星分布小黑点。

分 布 太平洋、印度洋。

228

大瓮蓝子鱼

学 名

Siganus Doliatus

英文名

Barred Rabbitfish, Barred Spinefoot

别 称

双带狐狸，两间狐狸，臭督鱼

识别特征

小型倒吊鱼，体型流线型，体色为黄色、浅绿色和棕红色分别自上中下部形成弯曲的迷宫状细纹，体侧至腹部的花纹多为竖纹。眼部向后上方及胸鳍基部至后上方各有一道浅红褐色的宽带。

分　布 中太平东部。

229

鼻高鳍刺尾鱼

学　名

Zebrasoma Rostratum

英文名

Long-Nosed Surgeonfish, Longnose Surgeonfish, Black Tang, Longnose Sailfin Tang

别　称

丝绒吊

识别特征

中小型倒吊鱼，体型流线型而近圆形，上下鳍宽大，伸展时整体为三角形，吻部突出。身体颜色从深褐色至近黑色，身体上部有时会有一些微小的不规则的蓝线。尾柄有一椭圆小白斑。

分　布 太平洋、印度洋。

230

天狗吊、黑背鼻鱼

学　名

Naso Lituratus

英文名

Naso Tang

别　称

天狗倒吊、颊纹双板盾尾鱼、颊吻鼻鱼

识别特征

中大型倒吊鱼，流线型而额头较高，尾柄细，尾鳍上下常延伸出长长的细丝。体色灰色，鼻部、腮部有蓝灰色斑块，一道黄边自下唇弧状连接眼睛、额头、上鳍至尾柄以及下鳍上侧。上鳍下侧及尾鳍外缘为黑色。

分 布 印度洋。

231

彩带刺尾鱼

学 名
Acanthurus Lineatus

英文名
Lined Surgeonfish, Blue-lined Surgeonfish, Striped Surgeonfish

别 称
带纹刺尾鱼、纵带刺尾鱼、纹吊

识别特征

中小型倒吊鱼，体侧扁流线型，叉形尾，体色上半部分黄色，下半部分白色，上半部分有带粗黑边的蓝色横纹自面部向后延伸至尾柄。腹鳍橘红色并带黑边，其余各鳍黄绿色并边缘有蓝色细纹。

分 布 印度洋。

232

白面刺尾鱼

学 名
Acanthurus Nigricans

英文名
Whitecheek Tang, Whitecheek Surgeonfish, Golden Rimmed Surgeonfish

别 称
五彩吊、五彩倒吊、黄点刺尾鱼

识别特征

中小型倒吊鱼，体侧扁，流线型，体色紫蓝色，吻部和眼下各有一个亮白色的条纹。上下鳍基部各有一条逐渐变宽的黄纹，尾柄中部和尾鳍后部各有一道黄纹。

分　布 印度洋。

233

单斑蓝子鱼

学　名
Siganus Unimaculatus

英文名
Blackblotch Foxface, Onespot Foxface

别　称
一点狐狸鱼、一点狐狸、尖嘴蓝子鱼

识别特征

中小型倒吊鱼，体型侧扁椭圆形，吻部突出。体色黄色并在体后部上侧有一黑圆斑，头胸部为灰白色并有两道宽黑纹覆盖额头至吻部和鳃后及胸鳍基部。

分　布 东印度洋。

234

大蓝子鱼

学　名
Siganus Magnificus

英文名
Magnificent Rabbitfish

别　称
七彩狐狸、红鳍狐狸、口红狐狸，东印度狐狸鱼、彩色兔子

识别特征

中小型倒吊鱼，体型侧扁椭圆形，吻部突出。体色银白色，体侧上半部分为一个边界不明显的长方形黑块。背鳍上部为红色，其余各鳍有黄边。一道清晰的宽黑纹自额头到吻部覆盖双眼。

分 布 印度洋、红海。

235

珍珠大帆吊

学 名

Zebrasoma Desjardinii

英文名

Red Sea Sailfin Tang, Desjardin's Sailfin Tang

别 称

印度大帆吊、红海大帆吊

识别特征

中小型倒吊鱼，体型侧扁椭圆形，上下鳍极高，竖起时体型呈三角形。体色为灰色并在头部至胸鳍后方有四道黑白相间的宽竖纹，体侧有半细竖纹，半圆点的橘色花纹并延伸到上下鳍。面部和尾鳍布满密集小白点。

分 布 印度洋。

236

宝石高鳍刺尾鱼

学 名

Zebrasoma Gemmatum

英文名

Spotted Tang, Gem Surgeonfish

别 称

珍珠吊鱼、宝石倒吊、莲花吊

识别特征

中小型倒吊鱼，体型侧扁椭圆形，上下鳍极高，竖起时体型呈三角形。体色黑色略显黄色，尾部黄色。除尾部外，全身密集布满小白点。

分　布 印度洋。

237

紫高鳍刺尾鱼

学　名
Zebrasoma Xanthurum

英文名
Purple Tang,Yellowtail Sailfin Tang, Yellowtail Surgeonfish

别　称
黄尾帆吊、紫吊、黄尾吊、黄尾帆鲷

识别特征

中小型倒吊鱼，体侧扁流线型，体色深紫色并深色细横纹，在头部为深色点状花纹。尾鳍和胸鳍外侧为黄色。

分　布 太平洋、印度洋。

238

蓝刺尾鱼

学　名
Acanthurus Coeruleus

英文名
Blue Tangs, Atlantic Blue Tang, Blue Tang Surgeonfish

别　称
紫蓝吊、大西洋蓝吊

识别特征

中小型倒吊鱼，体型流线型，体色紫蓝色，并有纤细而略弯曲的浅色横纹。

第七类

鲀 类

NO. SEVEN

分　布 太平洋、印度洋。

239

黑边角鳞鲀

学　名
Melichthys Vidua

英文名
Pinktail Triggerfish

别　称
玻璃炮弹、红尾炮弹

识别特征

中大型鲀类，体型椭圆。眼中大，上侧位。口小，端位。背鳍两个，第一背鳍三鳍棘，第一鳍棘粗大，其余两鳍棘短小；第二背鳍及臀鳍相似，基底均较长。左右腹鳍合成一短棘，附在腰带骨的末端，短棘与肛门间常有膜状皮膜。体被粗板状厚鳞，不相互覆盖。无气囊。主体翠绿色或偏棕色，吻部与各鳍为粉红色及黄色。

分　布 各热带海区。

240

六斑二齿鲀

学　名
Diodon Holocanthus

英文名
Long-Spine Porcupinefish, Porcupine, Porcupinefish, Spiny Puffer

别　称
六斑刺鲀、刺规、气瓜仔、气球鱼

识别特征

体短圆筒形，头和体前部宽圆。尾柄锥状，后部侧扁。吻宽短，背缘微凹。眼中大。鼻孔每侧两个，鼻瓣呈卵圆状突起。口中大，前位；上下颌各具一喙状大齿板，无中央缝。头及体上的棘甚坚硬而长；尾柄无小棘；眼下缘下方无一指向腹面的小棘。各棘具二棘根，可自由活动。背鳍一个，位于体后部，肛门上方，具软条 13~15；臀鳍与其同形，具软条 13~15；胸鳍宽短，上侧鳍条较长，具软条 20~24；尾鳍圆形，具软条 9。体背侧灰褐色，腹面白色，背部及侧面有一些深色的斑块，另有一些黑色小斑点分布；无喉斑；背、胸、臀及尾鳍淡色，无任何圆形小黑斑。体短圆形，稍扁平，尾柄短小。鳞已变成粗棘，有的棘很长，有的还能前后活动。上下颌与牙齿愈合成各一个大板状齿。背鳍和臀鳍均短小，位于体的后部。无腹鳍。有气囊。体色上部褐色并具黑斑，下部颜色较浅。

分 布 印度洋、太平洋。

241

黑斑叉鼻鲀

学 名

Arothron Nigropunctatus

英文名

Blackspotted Puffer, Puffer Fish, Blackspotted Blaasop, Black Spotted Blow Fish, Blackspotted Puffer, Blackspotted Toadfish

别 称

狗头、污点河鲀、黑点狗头

识别特征

中型鱼，椭球形体型，体短粗，皮肤光滑。上、下颌分别愈合成两个喙状齿板，有中央缝。背鳍单个，与臀鳍相似且对生，无鳍棘；缺乏腹鳍。有鳔，气囊发达。体色大部分灰白，吻部、双眼及各鳍为黄色。体表有数个不规则小黑斑。

分 布 印度洋、太平洋。

242

毒锉鳞鲀

学 名

Rhinecanthus Verrucosus

英文名

Blackbelly Triggerfish, Black-tailed Triggerfish, Blackpatch Triggerfish

别 称

黑肚炮弹、黑斑炮弹、布尔萨炮弹

识别特征

中大型炮弹，尖嘴椭球形，略呈菱形。体色上半灰棕色，下半白色，腹部有一显著巨大黑斑。体色分界处及尾柄至尾鳍有棕红色花纹，一道镶蓝边棕色竖纹覆盖眼部。

分 布 印度洋。

243

红海毕加索、阿氏锉鳞鲀

学 名
Rhinecanthus Assasi

英文名
Assasi Triggerfish

别 称
艾塞氏吻棘鲀、红海毕加索

识别特征

中大型炮弹，尖嘴椭圆形，体色上半部分灰绿色，腹部白色，第一背鳍和腹鳍基部为棕红色，吻部黄色，尾柄上有三道黑色立体状横纹。额顶有三黑四蓝清晰显著纵纹，向下覆盖双眼并汇合延伸至胸鳍前部。

分 布 印度洋。

244

蓝点尖鼻鲀

学 名
Canthigaster Epilamprus

英文名
Blue Dot Toby

别 称
蓝点鲀、花婆

识别特征

小型鲀类，体椭球形，体色棕褐色，腹部稍浅。全体分布蓝色花纹，眼后至尾柄为蓝色不连续细横纹，并在额部连接双眼之间，其余部位为蓝色小点，各鳍透明。

分 布 印度洋、太平洋。

245

波纹钩鳞鲀

学 名

Balistapus Undulatus

英文名

Orange-lined triggerfish, Red-lined triggerfish

别 称

黄纹炮弹

识别特征

中小型鲀类，略呈菱形，尾部黄色，体色翠绿色并有倾斜的黄色细纹，眼下到吻部上方的脸部光滑无花纹。

分 布 太平洋、印度洋。

246

金边黄刺鲀

学 名

Xanthichthys Auromarginatus

英文名

Gilded Triggerfish, Bluechin Guilded Triggerfish, Bluechin Triggerfish

别 称

黄纹鳞鲀、金边炮弹、黄板机鲀、蓝面炮弹

识别特征

中大型鲀类，椭圆流线型，上下鳍前部均为不相连的棘刺，后部及尾鳍透明并带黄边。体色灰色，其上规则地排列着一行行小白点，公鱼在腮下部有一大块蓝灰色近正方形斑块。

分　布 印度洋、太平洋。

247

黑副鳞鲀

学　名
Pseudobalistes Fuscus

英文名
Rippled Triggerfish, Yellow-Spotted Triggerfish

别　称
黑拟板机鲀、黄点炮弹、黑副板机鲀

识别特征

中大型鲀类，椭圆流线型，上下鳍自身体中部出现并高耸突出，尾鳍分叉。体色蓝灰色并全身布满浅色细横纹。幼鱼期体型较圆，体色偏黄，布满全身的蓝纹较粗、较弯曲且不连续。

分　布 印度洋、太平洋。

248

棘皮鲀

学　名
Chaetodermis Pencilligerus

英文名
Tassel Filefish

别　称
棘皮单棘鲀、毛炮弹鱼、毛毛鱼、龙须炮弹

识别特征

中大型鲀类，体短而高，类圆形而嘴尖。体表布满短棘刺，体色浅灰色而布满不清晰的棕色宽纹路和不连续的清晰细黑纹。

分 布 印度洋、太平洋。

249

红牙鳞鲀

学 名
Odonus Niger

英文名
Red-toothed Triggerfish, Redtoothed Triggerfish

别 称
魔鬼炮弹、红牙板机鲀

识别特征

中大型鲀类，体型略呈菱形，棘鳍及腹鳍不明显。体色蓝灰色，面部、腹部及各鳍颜色略浅，面部有几道深蓝色纹路经过眼和吻部。

分 布 印度洋、太平洋。

250

粒突箱鲀

学 名
Ostracion Cubicus

英文名
Ocellated Boxfish, Polkadot Boxfish, Yellow Boxfish, Spotted Boxfish, Cubical Boxfish, Black-Spotted Boxfish

别 称
木瓜、木瓜鱼、金木瓜

识别特征

中小型鲀类，体型箱形，体色黄色并全身不规则分布着小黑斑点，除尾鳍外各鳍透明。

分　布 全球。

251

棘背角箱鲀

学　名
Canthigaster Valentini

英文名
Valentinni's Sharpnose Puffer, Roundbelly Cowfish, Spiny Boxfish, Transparent Boxfish

别　称
牛角、箱河鲀

识别特征

中小型鲀类，体型箱形，额部有一对向前的尖角，臀部有一对向后的尖角，尾柄筒状。体色黄色，并分布不规则小白点。

分　布 大西洋。

252

妪鳞鲀

学　名
Balistes Vetula

英文名
Queen Triggerfish

别　称
女王鲀、女王炮弹

识别特征

中大型鲀类，体型略呈菱形，有一条分叉的尾巴。棘鳍和腹鳍不明显，体色为上深下浅的棕色，并在身体各部分以亮蓝色条纹勾出分界。嘴唇周围有一个蓝色环。尾柄上还有一条宽阔的蓝色条，中间鳍有蓝色的边缘下带。

分 布 印度洋、太平洋。

253

横带扁背鲀

学 名

Canthigaster valentini

英文名

Sharpnose Puffer Fish, Saddleback Pufferfish, Valentinni's Sharpnose Puffer, Banded Toby, Black Saddled Toby, Model Toby

别 称

瓦氏尖鼻鲀、日本婆

识别特征

小型鲀类，尖嘴椭球型，体色银白并带有金色花纹和斑点。胸鳍和尾巴为黄色，眼后、胸鳍上、背部和尾柄各有一拉长的大黑斑。

分 布 印度洋。

254

斜带吻棘鲀

学 名

Rhinecanthus Rectangulus

英文名

Humu Rectangle Triggerfish

别 称

黑带锉鳞鲀、三角炮弹

识别特征

中大型鲀类，体型流线型，体色上半部分黄色，胸腹部白色，眼下至体中部下端和尾鳍前端的部分为一块倾斜的黑斑，尾柄有一块三角形黑斑，二者均围绕一条黄色边缘并包围成一个黄色三角。额头有三道细纹向下覆盖双眼，吻部上方有一道蓝纹，胸鳍基部有一道红纹。

分 布 全球。

识别特征

大型鲀类，体型流线型，体色为棕色并带有许多黑点和棕绿色杂乱的细花纹。

255

拟态革鲀

学 名

Aluterus Scriptus

英文名

Scrawled Filefish, Scribbled Leather Jacket, Scrolled Filefish, Scrawled Leatherjacket, Scrawled Filefish, Scribbled Leatherjacket, Scribbled Fish, Scrawled Tilefish, Tobaccofish, Broom-tail File, Broomtail Filefish

别 称

扫把鱼、长尾革单棘鲀

分 布 印度洋、太平洋。

识别特征

大型鲀类，体型流线型，体色为棕绿色，下颌至胸部灰蓝色，脸部和尾柄颜色较浅，鳞片中间颜色深而显示处菱形分格。

256

褐拟鳞鲀

学 名

Balistoides Viridescens

英文名

Triggerfish, Titan Triggerfish, Blue-Finned Triggerfish, Blue Finned Triggerfish, Dotty Triggerfish, Bluefin Triggerfish, Moustache Triggerfish, Mustache Triggerfish

别 称

绿拟鳞鲀、泰坦炮弹、黄褐炮弹

分 布 印度洋至西太平洋。

257

花斑拟鳞鲀

学 名

Balistoides Conspicillum

英文名

Clown Triggerfish, Clown Trigger-Fish, Clown Tiger

别 称

圆斑拟鳞鲀、小丑炮弹

识别特征

中小型炮弹鱼，体椭球形，上半部分黑色并在背部有一块浅黄色迷宫状细花纹组成的大圆斑，下半部分白色，各鳍白色，尾鳍有一圈黑边。下半部分有黑色花纹构成的蜂巢形花纹，嘴部橘色，尾柄上方黄色，眼部前方有一道短宽白纹。

分 布 印度洋至太平洋。

258

叉斑锉鳞鲀

学 名

Rhinecanthus Aculeatus

英文名

Hawaiian Triggerfish White-Banded Triggerfish, Picassofish, Prickly Triggerfish, Picasso Triggerfish

别 称

鸳鸯炮弹、尖吻棘鲀

识别特征

中大型鲀类，体型略呈菱形，头部圆锥形，眼接近头顶。体色为上半部分灰色，下半部分白色，额顶、双眼、胸鳍基部和吻部之间有三道蓝色细纹和一道宽黄纹连接呈一个三角形，其后的体侧上有一个向后的深棕色三角形，并在其下方有四道平行的浅色斜带。

第八类

鮨科

NO. EIGHT

259

线纹苏通鲈

学　名
Suttonia Lineata

英文名
Freckleface Podge

别　称
白鼻草莓

分　布 印度洋－太平洋，印度尼西亚、日本、美国夏威夷和法国波利尼西亚。

识别特征

小型花鮨，体形长条形。体（连头部）被鳞，鳞片表面稍粗糙。侧线完全。胸鳍的鳍条大都相似而多分歧。背鳍单个，臀鳍较长。体色红色，额头和眼后有两道浅色条纹贯穿至背鳍，脸部有白色斑点。

260

六线黑鲈

学　名
Grammistes Sexlineatus

英文名
Lined Soapfish, Sixline Soapfish

别　称
包公、六带线纹鱼

分　布 印度洋－西太平洋，从非洲东岸至密克罗尼西亚，北至日本南部，南至澳洲。

识别特征

中小型鱼，体椭圆形，侧扁。胸鳍、尾鳍及背鳍软条部分均呈圆形，腹鳍细。各鳍灰白色。幼鱼身上有小点，其带数较少，横带数目随着年纪增加。体侧有七条黄色纵带，头部亦有些不规则黄斑。幼鱼体侧只有三条白色纵带，而在第一背鳍前方有一红点，但随鱼体成长而消失，且纵带数目增加。背鳍有硬棘 7 枚，软条 12~14 枚、臀鳍硬棘 3 枚，软条 8~9 枚，腹鳍腹位，末端延伸不及肛门开口；胸鳍圆形，中央之鳍条长于上下方之鳍条；尾鳍圆形。体被细小圆鳞，有孔侧线鳞片数约 60~72 枚。体色呈黑褐色，流线型黑色身体上带有数条浅色细纵纹。

分 布 西印度洋，包括东至马尔大夫、南至南非。

261

卡氏丝鳍花鮨

学 名
Nemanthias Carberryi

英文名
Carberryi Anthias, Threadfin Anthias

别 称
彩霞仙子

识别特征

小型海金鱼，体型长条形。体(连头部)被鳞，鳞片表面稍粗糙。侧线完全。胸鳍的鳍条大都相似而多分歧。背鳍单个，臀鳍较长。头部和腹部是紫色，背部和尾巴黄色，两色渐变分开，头部带细黄纹。

分 布 加勒比海、太平洋、西太平洋。

262

斯氏长鲈

学 名
Liopropoma Swalesi

英文名
Swalesi Basslet

别 称
橙尾瑞士狐

识别特征

小型鲈科鱼，长流线型身体，体延长而侧扁。吻短。眼中大。口较大，稍倾斜。遍布橘色宽横条纹。背鳍和尾鳍有明显的大黑斑，并带有淡蓝或紫色边缘。

分　布 太平洋海域。

263

黑斑鳃棘鲈

学　名

Plectropomus Laevis

英文名

Black Saddled Coral Grouper、Blacksaddled Coralgrouper

别　称

帝王星斑、杂星、豹星、黄尾鲈

识别特征

中大型鲈鱼，体长椭圆形稍侧扁。口大，具辅上颌骨，牙细尖。体被小栉鳞。背鳍和臀鳍棘发达，尾鳍凹形，体色变异甚多，常呈褐色或红色，并具条纹和斑点。幼鱼体色为尾部变黄的浅黄白，体侧有由上而下伸展的大块黑斑，头部的黑斑连接双眼。

分　布 印度洋和太平洋，西起非洲东部，东至萨摩亚，北至日本，南至新加勒多尼亚和中国台湾。

264

查氏鱵鲈

学　名

Belonoperca Chabanaudi

英文名

Arrowhead Soapfish

别　称

洞穴狐、箭头肥皂鱼、鱵鲈

识别特征

小型鲈鱼，体型尖头长流线型。体被鳞，鳞片表面稍粗糙。侧线完全。胸鳍的鳍条大都相似而多分歧。臀鳍较长。体色暗蓝灰色至棕黑色并布有细小不规则分布黑斑点，尾柄上部有一亮黄色圆斑，棘背鳍及腹鳍为浅蓝色条纹黑斑。鱼体细长，体色呈暗蓝绿色至蓝褐色并布有细小不规则黑斑点，散步许多细小的黑褐色斑。背鳍硬棘部具有蓝缘的大斑点。眼眶间略凹陷，吻端略钝尖。上颌骨末端延伸至眼下方，上下颌骨均有齿。前鳃盖和下鳃盖后缘呈齿状，且不埋入皮下。背鳍分离，包括第一背鳍和第二背鳍。腹鳍腹位末端不及肛门开口。胸鳍短于后头部，呈圆形。尾鳍截形。

分　布 印度洋、太平洋。

265

史氏拟花鮨

学　名
Pseudanthias Smithvanizi

英文名
Princess Anthias

别　称
公主宝石、史氏宝石、斯氏奇唇鱼

识别特征

小型花鮨，流线型，体被鳞，鳞片表面稍粗糙。侧线完全。胸鳍的鳍条大都相似而多分歧。背鳍单个，臀鳍较长。体色浅红，各鳍具有淡紫红色边缘，身体上分布不规则淡金色小斑点。小型花鲈，体呈梭形。体色粉红，各鳍具有淡紫红色边缘，身体上分布不规则金黄色斑点。

分　布 西印度洋。

266

黑带普提鱼、斜带狐雕

学　名
Bodianus Macrourus

英文名
Black-Banded Hogfish

别　称
黑斑狐

识别特征

小型海猪鱼，尖头流线型，体色暗黄，腹部稍浅，数道接点状两蓝色纵纹由吻部向后贯穿至尾鳍，背部后侧由上而下有一道逐渐收窄的大黑斑，前后各有一块不规则小白斑。

分　布 太平洋、印度洋。

267

罗氏拟花鮨

学　名
Pseudanthias lori

英文名
Lori's Basslet, Lori's anthias

别　称
虎斑宝石、虎纹宝石、萝莉海金鱼、洛氏奇唇鱼

识别特征

小型花鲈，流线型，吻部略突出，体色粉红色，腹部颜色略浅。体后侧有自背脊向下颜色由艳红色转金黄色的五到六道宽纵纹，并有一道同色宽横纹贯穿尾柄。其余身体上部由面部至后方尾柄均密集分布金色小斑点。

分　布 印度洋、太平洋。

268

刺盖拟花鮨

学　名
Pseudanthias Dispar

英文名
Dispar Anthias, Peach Fairy Basslet

别　称
紫罗兰海金鱼、花鲈、海金鱼、红鱼

识别特征

小型花鲈，流线型，剪刀尾。公鱼全身橘红色，背鳍紫红色，一道荧光色横纹自吻部经过双眼延伸至胸鳍前方。雌鱼头部偏红，身体黄色，胸腹部为灰紫色。

分 布 西太平洋。

269

驼背鲈

学 名

Cromileptes Altivelis

英文名

Humpback Grouper Juvenile, Humpback Grouper

别 称

老鼠斑、鳘鱼、乌丸税、尖嘴鲙仔、观音鲙、斟鳗鲙

识别特征

小型鲈鱼，尖头流线型，各鳍圆而宽。体色奶油白色，均匀布满眼睛大小的黑色小圆斑。

分 布 太平洋、印度洋。

270

赫氏拟花鮨

学 名

Pseudanthias Huchtii

英文名

Huchtii Anthias, Red-Cheeked Fairy Basslet

别 称

绿光海金鱼、绿宝石

识别特征

小型花鲈，体型流线型，棘鳍尖刺状高耸，体色为上侧青绿色，下侧稍浅并有灰紫色。眼后至胸鳍有一道醒目宽红纹。各鳍外侧均为红色并围绕一圈亮蓝色。公鱼背鳍有一长棘刺。

分 布 太平洋、印度洋。

271

双色拟花鮨

学 名
Pseudanthias Bicolor

英文名
Bicolor Anthias

别 称
双色奇唇鱼、双色拟花鲈、海金鱼、红鱼、花鱸

识别特征

小型花鮨，体型流线型，体色为上半部分黄色，下半部分浅紫色。背鳍和尾鳍为紫色，雄鱼有一根伸长的棘刺。

分 布 太平洋。

272

斑点须鮨

学 名
Pogonoperca Punctata

英文名
Spotted Soapfish

别 称
斑点黑鲈、小丑斑

识别特征

中大型石斑鱼，体色浅黑色并不规则遍布小白点，头后、中部、尾柄前方和尾柄的上侧各有一个马鞍形黑斑。

分 布 太平洋、印度洋。

273

青星九棘鲈

学 名

Cephalopholis miniata

英文名

Coral hind

别 称

星斑、红鲙、红格仔、过鱼、红条、东星斑

识别特征

中大型石斑鱼，体型流线型，体色鲜艳红色并全身不规则遍布蓝色小圆斑。上颌骨延伸到或过眼眶，第 5 ~ 8 背脊最长，腹鳍未到达肛门。

分 布 太平洋、印度洋。

274

异唇鮨

学 名

Mirolabrichthys Tuka

英文名

Purple Queen Anthias

别 称

紫 后

识别特征

小型花鮨，体型尖嘴流线型，体色紫红色，吻部到鳃后的三角区域和背鳍为红色，背鳍后侧基部有一块深紫斑。下颌到胸部为白色。

分 布  太平洋、印度洋。

275

异唇鮨

学 名
Pseudanthias Pleurotaenia

英文名
Square Anthias, Square-spot fairy basslet

别 称
紫 印

识别特征

小型花鮨，体型流线型，体色紫红色，体侧前部中央有一块长方形浅紫色花斑。各鳍颜色较浅，尾部分叉的两个尖端为浅紫色。

第九类

天竺鲷科

NO. NINE

分　布 印度尼西亚。

276

考氏鳍天竺鲷

学　名
Pterapogon Kauderni

英文名
Banggai Cardinalfish

别　称
巴厘岛天使、泗水玫瑰、珍珠飞燕

识别特征

小型天竺鲷，体延长，长椭圆形，体稍侧扁。头大。眼大。口大，斜裂；鳃盖骨后缘棘不发达。背鳍有两个，第一背鳍有棘，第二背鳍具棘及软条；臀鳍具棘及软条；尾鳍呈叉形。常水中悬停，体表三条粗黑竖纹分别贯穿眼部 和上下鳍，其余体表银色带白色斑点。

分　布 太平洋、印度洋。

277

斑纹天竺鲷

学　名
Apogon Maculatus

英文名
Flamefish

别　称
红玫瑰

识别特征

极小型天竺鲷，体型类似淡水灯鱼，流线型，全体艳红色。在第二背鳍后部下面有一个圆形的黑点，在尾梗上有一个宽的浅黑色的鞍状条。体呈玫瑰红色，纺锤形，尾鳍呈叉形。

分 布 太平洋。

278

金带鹦天竺鲷

学 名

Ostorhinchus Cyanosoma

英文名

Yellowstriped Cardinalfish

别 称

彩条玫瑰、金带玫瑰、扁头天竺鲷、金线天竺鲷

识别特征

小型天竺鲷，体延长而侧扁，眼大，口大略下位。体色银白带金属光泽，六道金色横纹自吻部向后延伸，其中三条延伸至尾柄。尾柄末端有一橘点。

分 布 太平洋、印度洋。

279

丝鳍圆天竺鲷

学 名

Sphaeramia Nematoptera

英文名

Pajama Cardinalfish

别 称

彩条玫瑰、金带玫瑰、扁头天竺鲷、金线天竺鲷

识别特征

小型天竺鲷，体型流线型偏圆，橘色的眼睛，体色为前部黄色、中部黑色、后部银白色，各色块均上下覆盖各鳍。银色的部分均匀分布棕色斑点。

分 布 太平洋、印度洋。

280

卡氏长鲈

学 名
Liopropoma Carmabi

英文名
Candy Basslet

别 称
糖果狐、加勒比海甜心草莓

识别特征

小型隆头鱼，体型流线型，体色金橙色并有数道蓝紫色细横纹自吻部向后伸展至尾部。上鳍末端和尾鳍上下两端各有一带蓝圈的黑斑。

第十类

笛鲷科

NO. TEN

281

千年笛鲷

学　名

Lutjanus Sebae

英文名

Red Emperor

别　称

川纹笛鲷、番仔加志、白点赤海、厚唇仔、嗑头

分　布 广泛分布于热带、亚热带海洋，印度洋西太平洋。

识别特征

中大型笛鲷科，体椭圆而略呈三角形，口中大，端位，前颌骨稍能伸缩；颌齿尖细，侧线单一且完整，背鳍连续，硬棘部及软条部间具一缺刻，腹鳍胸位粉红淡底色并具三条宽阔棕褐色川字形倾斜纵纹。

282

帆鳍笛鲷

学　名

Symphorichthys Spilurus

英文名

Sailfin Snapper, Blue-lined Sea Bream, Sailfin Snapper

别　称

丽皇、驼峰笛鲷、台湾丽皇

分　布 印度洋、澳大利亚、日本、印度尼西亚、中西太平洋。

识别特征

中大型笛鲷，体型为高额头的流线型，背鳍的棘鳍部分向后延伸出飘动的长丝。体色黄色，并有蓝绿色细横纹覆盖全身，纹路从上而下逐渐稀疏。各鳍均为黄色，尾柄有一显著黑圆斑，两道橙红色纵带分别自额头向下至胸鳍前方及覆盖眼部延伸至嘴边。

分 布 大西洋、太平洋、印度洋。

283

五线笛鲷

学 名
Lutjanus Quinquelineatus

英文名
Fiveline Snapper

别 称
赤笔仔

识别特征

中大型笛鲷鱼，体型流线型，体色金黄色，头背部颜色较深。体侧有五条蓝色细横带由头部延伸至尾柄；眼下亦上有一纵带但并不延伸到体侧。

第十一类

真鲨科

NO. ELEVEN

分 布 印度洋、太平洋。

284

白鳍鲨

学 名
Triaenodon Obesus

英文名
Whitetip Reef Shark

别 称
灰三齿鲨、三齿鲨、白顶礁鲨、白头礁鲨

识别特征

超大型鲨鱼，口裂弯曲；唇沟略长而明显；上颌齿宽而类似刀片，下颌通常较窄而尖；背鳍两枚，前者明显大于后者，且位于腹鳍之前方；尾鳍基底前具凹槽；尾鳍下叶发达，上叶背缘呈波浪状。流线型身体，体色灰色，腹侧白色，两个背鳍上缘尖部为白色，体背侧灰褐色；腹侧白色。背、胸及尾鳍具黑褐色缘；腹及臀鳍缘淡色，外角则暗褐色。

分 布 太平洋、印度洋。

285

乌翅真鲨

学 名
Carcharhinus Melanopterus

英文名
Blacktip Reef Shark, Blackfin Shark

别 称
汙翅真鲨、大沙、污翅白眼鲛、黑鳍鲨

识别特征

超大型鲨鱼，最大可达 3.5 米长，流线型身体，灰色为主，腹侧白色，背部褐色，两个背鳍上缘尖部为黑色。胸鳍及背鳍下部白色、顶端黑色。

分 布 大西洋、太平洋。

286

短吻柠檬鲨

学 名
Negaprion Brevirostris

英文名
Lemon Shark

别 称
短吻基齿鲨

识别特征

大型鲨鱼，体长 2.4~3.5 米，体型流线型，头部扁平，鼻子短而宽，两个背鳍几乎一样大。体色灰色并泛有柠檬黄，腹部白色。尾端上叶及下叶黑褐色，两背鳍上部及胸鳍背面色暗。

第十二类

天竺鲨科

NO. TWELVE

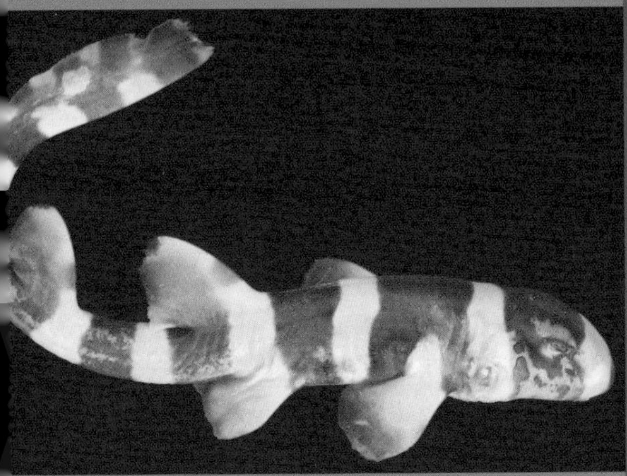

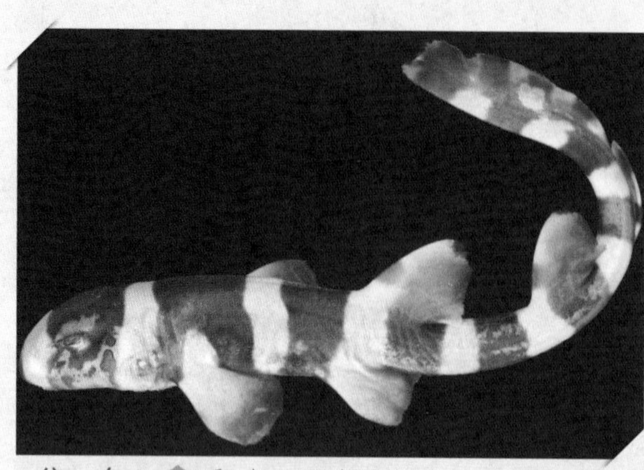

分　布 印度－西太平洋。

287

点纹斑竹鲨

学　名
Chiloscyllium Punctatum

英文名
Brownbanded Bamboo Shark

别　称
狗鲨、狗鲛

识别特征

中小型鲨鱼，长流线型，体纺锤形，吻尖，尾叉形。常底部停留，体色为棕色和白色的宽环纹覆盖全身。

第十三类

鮟鱇类躄鱼科

NO. THIRTEEN

分 布 印度洋，太平洋。

288

大斑躄鱼

学 名

Antennarius Maculatus

英文名

Warty Frogfish

别 称

五脚虎

识别特征

小型鮟鱇鱼，体型特殊，底部静止少游动，体色白色，各鳍宽大并具红色边缘，胸鳍发达可在水底缓步移动。

分 布 太平洋、印度洋。

289

白斑躄鱼

学 名

Antennarius Pictus

英文名

Pianted Frogfish

别 称

五脚虎

识别特征

小型鮟鱇鱼，体型特殊，底部静止少游动，全身鲜艳红色并具不规则深色红斑点，胸鳍发达可在水底缓步移动。

第十四类

鳚科

NO. FOURTEEN

分 布 印度洋、太平洋。

290

副鲻

学 名

Paracirrhites Arcatus

英文名

Arc-Eye Hawkfish

别 称

眼眉格、眼镜鹰

识别特征

小型鲻科鱼。体侧扁，为红褐或橘红色；体侧中央具一白色宽纵带。本种特征是眼后上方具一黄、红、白相间的马蹄形斑。橘红色的身体后半部有一条水平白线穿过，鳃盖部位蓝色和亮橘色斑点常交互出现。

分 布 太平洋、印度洋。

291

尖头金鲻

学 名

Cirrhitichthys Oxycephalus

英文名

Coral Hawkfish

别 称

红格、长嘴格

识别特征

小型鲻，尖头粗流线型，常底部停留，体色为白色上有数道边缘不规则的红色宽竖纹，头部纹路稍细。体上部及背鳍和尾鳍有红色斑点，每一脊刺顶端都有数个小刺的分叉。

分 布 太平洋、印度洋。

292

火焰鹰

学 名

Neocirrhites Armatus

英文名

Flame Hawkfish

别 称

美国红鹰

识别特征

小型鲻，流线型，常底部停留。体色鲜红，眼部围绕一黑圈，背鳍与身体分界处为一黑色宽纹从额头延伸至尾柄。

分 布 太平洋，中美洲。

293

尖嘴红格

学 名

Oxycirrhites typus

英文名

Longnose Hawkfish

别 称

尖吻、尖嘴鹰

识别特征

小型鲻，流线型，嘴部尖长。体色白色并分布有红色细纹组成的方格。

分　布  印度洋、太平洋。

294

真丝金

学　名
Cirrhitichthys Falco

英文名
Falco Hawkfish

别　称
短嘴格、荔枝鹰、鹰金

识别特征

小型鳊科。短流线型，背部高耸而使身体略呈三角。常底部停留。体色乳白色并具有遍布全身均匀分布的深红色斑点，在头部至体侧组合成数道红色纵带。

第十五类

鲉科

NO. FIFTEEN

分 布  太平洋、印度洋。

295

短鳍蓑鲉

学 名
Dendrochirus

英文名
Dwarf Lionfishe

别 称
短须狮子鱼

识别特征

小型蓑鲉，体型椭圆，常底部停留，各鳍延长如短羽毛状，全体分布棕红色宽花纹并具细白色点斑，各鳍均有黑色斑纹。

分 布  太平洋、印度洋。

296

安德沃鲉

学 名
Pterois Andover

英文名
Andover Lionfish

别 称
长狮子

识别特征

中小型鲉，体型流线型，背鳍和胸鳍棘刺均分离并延伸极长。体色为深浅棕黄色条纹交错。

第十六类 鳚科

NO. SIXTEEN

分 布 西太平洋。

297

黑点裸胸鳝

学 名
Gymnothorax Melanospilos

英文名
Black Spotted Moray

别 称
豹纹海鳝

识别特征

超大型海鳝，鱼体呈圆柱状，尾部侧扁，体表无鳞片，吻部略尖有利齿，无胸鳍且臀鳍、背鳍与尾鳍相连合，皮粗厚能分泌黏液，头长，口大且牙齿锐利。体色及斑纹变化大，有单色、细点、圆点、不规则花纹及条纹。无舌或舌附生于口腔底部，后鼻孔为一个孔，短管状或管状体表浅色并带黑色小斑点贯穿全身。

分 布 太平洋。

298

环纹海鳝

学 名
Echidna Polyzona

英文名
Barred Moray

别 称
多带蛇鳝

识别特征

中大型海鳝，体长蛇形，头圆而小。体色深棕色，其上有许多一圈一圈的浅色斑纹，如同斑马纹样。

分 布 太平洋、印度洋。

299

绿裸胸鳝

学 名
Gymnothorax Funebris

英文名
Green Moray

别 称
绿狼牙鳝、绿鳗、巨鳗

 识别特征

大型海鳝，体型蛇形，体色暗绿。

分 布 太平洋、印度洋。

300

大口管鼻鳝

学 名
Rhinomuraena Quaesita

英文名
Ribbon Eel

别 称
五彩鳗、海龙

 识别特征

中小型海鳗，体型侧扁长蛇形，常波纹状弯曲。体色通常黑色、蓝色、黄色或相间渐变。

第十七类

康吉鳗科

NO. SEVENTEEN

分　布 印度洋。

301

黄金花园鳗

学　名
Gorgasia Preclara

英文名
Splendid Garden Eel

别　称
橙花园鳗、橙线花园沙鳗

识别特征

小型鳗鱼，身体细长蛇形，前后粗细均匀，在体前部有一段小而透明的背鳍。体色为白色与金色均匀分段。

第十八类

海鳝科

NO. EIGHTEEN

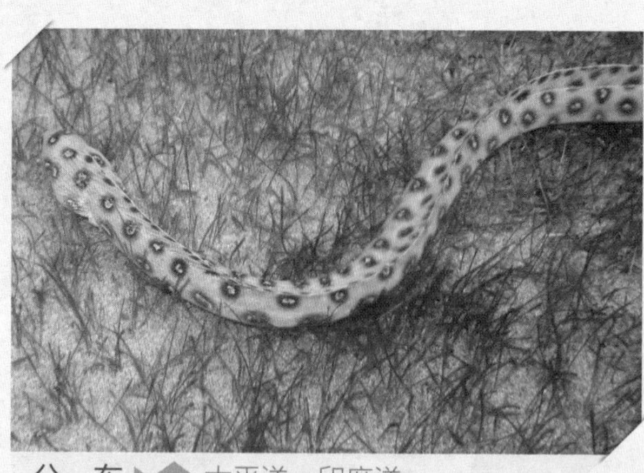

分　布 太平洋、印度洋。

302

金斑花蛇鳗

学　名
Myrichthys Ocellatus

英文名
Goldspotted Eel

别　称
无

识别特征

中小型鳗鱼,体长蛇形,体色黄色,遍布棕色小圆斑。

分　布 太平洋、印度洋。

303

雪花蛇鳝

学　名
Echidna Nebulosa

英文名
Snowflake Moray

别　称
云纹海鳝、云纹蛇鳝、斑马海鳗、雪花海鳗、钱鳗

识别特征

大型鳝鱼，体型长蛇形，体色为吻部白色，其他部分黑白黄三色细碎花纹相交呈现若干不完全的环带。

第十九类 鳚科

NO. NINETEEN

分　布 印度洋－太平洋。

304

金黄异齿鳚

学　名

Ecsenius Midas

英文名

Midas Blenny, Persian Blenny, Lytetail Blenny, Golden Blenny

别　称

东非金蛟剪

识别特征

小型鳚鱼，长流线型身体，头部较平，背鳍一个。体表没有鳞片。底栖种类，无鳔。吻部下方及眼睛为亮蓝色，肛门附近有黑点，背鳍前部有狭窄的深色边，其余部分均为金黄色。

分　布 太平洋、印度洋。

305

黑带稀棘鳚

学　名

Meiacanthus Grammistes

英文名

Striped Blenny, Striped Fangblenny

别　称

斑马鳚

识别特征

小型鳚鱼，体型长流线型，体色为头部淡黄色向后逐渐变为银白色，三道显著粗黑横纹由头部向后贯穿至尾柄，中间一道覆盖双眼。各鳍透明并有黑边和若干黑点。

第二十类

拟雀鲷科

NO. TWENTY

分　布 红海海域。

306

弗氏拟雀鲷

学　名
Pseudochromis Fridmani

英文名
Orchid Dottyback

别　称
红海草莓、美国草莓

识别特征

小型鱼，长流线型，体色艳丽淡紫色，头部有一黑色短横纹覆盖双眼。

分　布 印度洋、太平洋。

307

黄顶拟雀鲷

学　名
Pseudochromis Flavivertex

英文名
Sunrise Dottyback

别　称
日出龙、红海日出龙

识别特征

小型流线型草莓鱼，体色上半部分到尾柄为深蓝色，腹部白色，背腹部围绕一道清晰金色边缘包围全身并覆盖头尾。

第二十一类

鲹科

NO. TWENTY-ONE

分　布 太平洋、印度洋。

308

黄鹂无齿鲹

学　名
Gnathanodon Speciosus

英文名
Golden Trevally

别　称
黄鹂鲹、虎斑瓜、黄金鲹、金领航

识别特征

体椭圆流线型，体色金黄并有五六道宽纵黑纹，其中一道覆盖眼部，并在各宽纹中间均有一道黑色细纵纹。

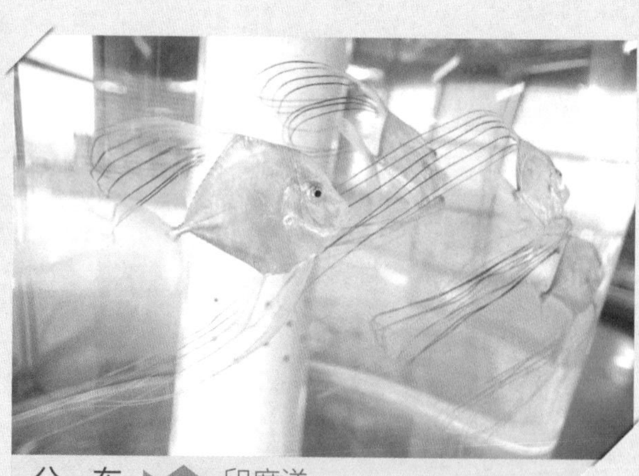

分　布 印度洋。

309

印度丝鲹

学　名
Alectis Indicus

英文名
Indian Threadfish

别　称
长吻丝鲹、印度白须鲹

识别特征

中大型鲹鱼，体型略呈菱形，除尾鳍与胸鳍外，其他各鳍均极度延长为数道飘丝状，可为体长的数倍。体色银白色。

第二十二类

白鲳科

NO. TWENTY-TWO

分 布 西太平洋。

310

弯鳍燕鱼

学 名

Platax Pinnatus

英文名

Pinnatus Batfish, Long-finned Batfish/Dusky Batfish

别 称

圆翅燕鱼、金边蝠、红边蝙蝠

识别特征

蝙蝠鱼幼鱼，体型呈上下鳍极端高耸的锐角三角形，体色黑色而在外围整体围绕一圈醒目橙红色花边，体侧中部有时有一道灰白色宽竖纹并延伸至上鳍末端。

分 布 太平洋、印度洋。

311

圆眼燕鱼

学 名

Platax Orbicularis

英文名

Orbicular Batfish

别 称

圆蝙蝠、圆燕鱼

识别特征

中大型鲳鱼，体色浅灰色，两道浅黑色宽纵带覆盖眼部和胸鳍基部。胸鳍、腹鳍为黄色，各鳍外缘有黑边。

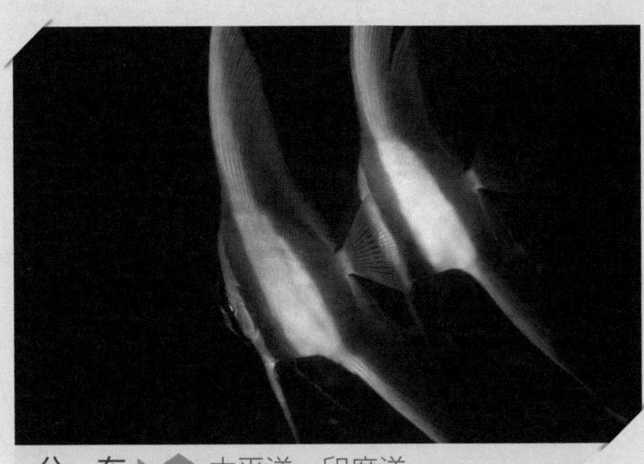

分　布 太平洋、印度洋。

312

尖翅燕鱼

学　名
Platax Teira

英文名
Longfin Spadefish

别　称
长蝙蝠、燕鱼

识别特征

中大型鲳鱼，体型极高，身体略呈圆形而上下鳍高耸与身体等高。三道宽黑纵纹覆盖吻部、体中部和末端，其余部分白色。

第二十三类

海龙科

NO. TWENTY-THREE

分　布　印度洋、太平洋。

313

带纹矛吻海龙

学　名
Dunckerocampus Dactyliophorus

英文名
Ringed Pipefish

别　称
斑节海龙、黑环海龙

识别特征

小型海龙，体型细长蛇形而较直，常水中悬停，绿黄色身体带黑色环状纹路，尾部亮红色带白边，分布有白色斑点。

分　布　太平洋、印度洋。

314

红鳍冠海龙

学　名
Doryrhamphus Dactyliophorus

英文名
Messmate Pipefish

别　称
趴趴龙、红鳍海龙

识别特征

小型海龙，体型蛇形，常底部停留。体色灰色，头部及体侧有规则分布的深灰色及黄色，并有许多不规则细纹且交错成网状；管状吻、体背部棱棘及尾鳍呈橘红色。

第二十四类

金鳞鱼科

NO. TWENTY-FOUR

分 布 太平洋、印度洋及大西洋。

315

无斑锯鳞鱼

学 名
Myripristis Vittata

英文名
Whitetip Soldierfish

别 称
大目仔

识别特征

中型鱼，体延长，侧扁；背侧隆起呈弧形。头中长。口大，前位，口裂水平；颏部有肉质长须一对；鳃裂大，左右鳃膜不连接并在喉峡部游离；前鳃盖骨有锯齿缘。体被栉鳞，颊部、鳃盖及下颌亦具鳞，尾鳍前缘具棘状鳞。背鳍单一，具四硬棘，软条；臀鳍具四硬棘，软条；腹鳍无真正硬棘，仅具一棘化软条及多条分叉软条；尾鳍叉形。眼占头部比例大，全身体色鲜艳红色并具鳞片光泽，各鳍外缘有白边。

分 布 三大洋的热带海域。

316

黑鳍棘鳞鱼

学 名
Sargocentron Diadema

英文名
Crown Squirrelfish

别 称
大眼鸡、金鳞鱼

识别特征

中型鱼，体呈椭圆形，中等侧扁。头部具黏液囊，外露骨骼多有脊纹。眼大。口端位，裂斜。体被栉鳞。鳃盖骨及下眼眶骨均有强弱不一的硬棘。侧线完全。背鳍连续，单一，硬棘部及软条部间具深凹具硬棘和软条。臀鳍和腹鳍均有硬棘和软条；尾鳍深叉形。全身鲜艳红色带白色细横纹，各鳍透明并外缘红色，尾柄白色。

分　布 太平洋、印度洋。

317

赤鳍棘鳞鱼

学　名
Sargocentron Tiere

英文名
Blue Lined Squirrelfish

别　称
艳　红

识别特征

中大型金鳞鱼，体型流线型，体色红色，各鳍黄色。身体每片鳞片边缘为白色，排列为整齐的花纹，头面部各部位边缘处也为白色。

第二十五类

石鲈科

NO. TWENTY-FIVE

分 布 太平洋、印度洋。

318

条斑胡椒鲷

学 名

Plectorhinchus Vittatus

英文名

Indian Ocean Oriental Sweetlips

别 称

六线妞妞、东方胡椒鲷

识别特征

中大型鲈鱼，流线型，体色银白色并有数道覆盖全身的宽横纹。吻部至背鳍的部分和各鳍均为黄色，上下鳍和尾鳍有眼睛大小的黑色圆点。

分 布 太平洋、印度洋。

319

斑胡椒鲷（幼鱼）

学 名

Plectorhinchus Chaetodonoides

英文名

Harlequin Sweetlips

别 称

燕子花旦

识别特征

中大型石鲈鱼，体型流线型，体色棕红色并遍布数个带黑边的圆形大白斑，尾部颜色为上下两个宽白圈。

第二十六类

单棘鲀科（革鲀科）

NO. TWENTY-SIX

分 布 印度洋。

320

尖吻鲀

学 名
Oxymonacanthus Longirostris

英文名
Harlequin Filefish

别 称
尖嘴炮弹、定海神针

识别特征

体型流线型，吻部管状。体色鲜艳，为蓝色上覆盖许多眼睛大小的橘色圆斑，额头及吻部上方为黄色。

索引

INDEXES

参考文献
REFERENCE

1. 伍汉霖，邵广昭，赖春福 . 拉汉世界鱼类名典 . 基隆：水产出版社，1999.

2. 成庆泰 . 拉汉英鱼类名称 . 北京：科学出版社，1992

参考网站
REFERENCE WEBSITE

1. https://www.fishbase.se
2. http://www.pcseaz.com
3. https://fishdb.sinica.edu.tw
4. https://reefs.com
5. https://www.marinelifephotography.com
6. http://www.saltcorner.com
7. https://www.aquamaps.org
8. https://fishbase.cn
9. https://reefapp.net
10. https://fishbase.cn
11. https://www.fishbase.de
12. https://taieol.tw
13. http://www.fishbase.us
14. https://baike.baidu.com
15. http://www.zoology.csdb.cn
16. http://www.iltaw.com
17. https://fishesofaustralia.net.au